Image
Aesthetics

Fashion

◎ 黄焱冰 著
By HUANG YANBING

形象美学

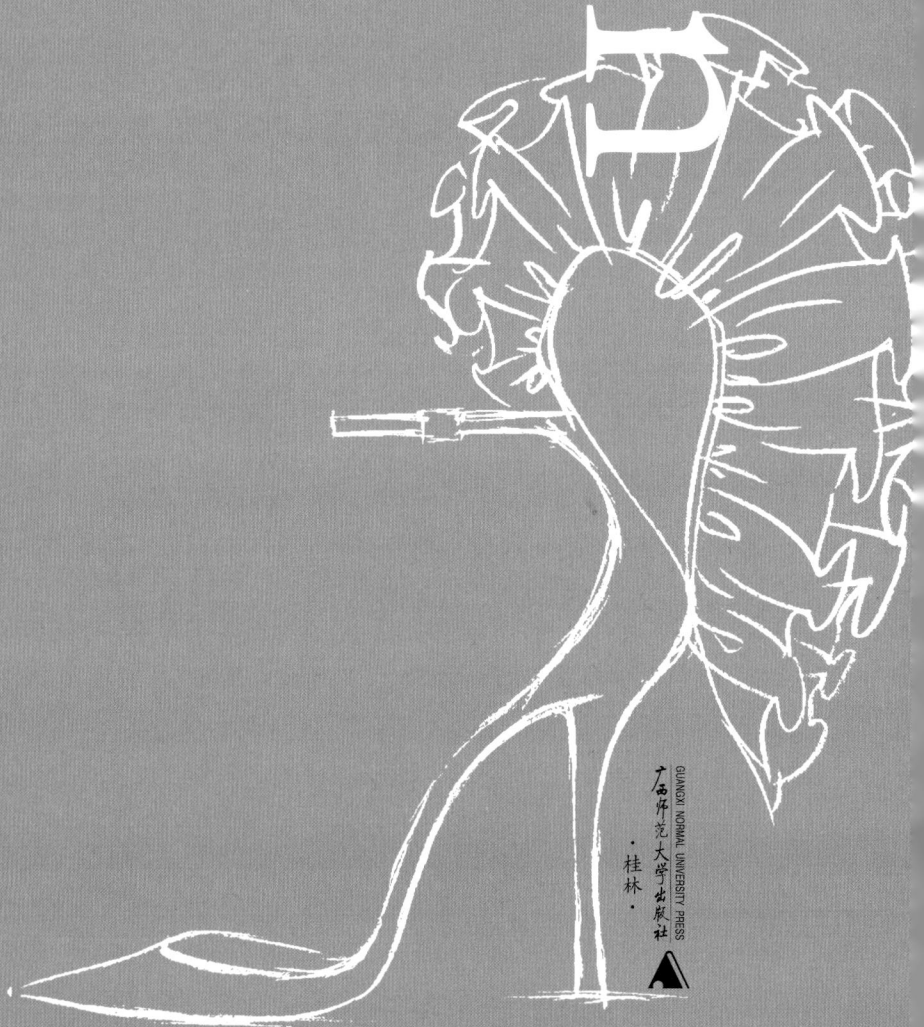

广西师范大学出版社
·桂林·
GUANGXI NORMAL UNIVERSITY PRESS

XINGXIANG MEIXUE

出版统筹：张　明
责任编辑：周　华
助理编辑：张维维
封面设计：陈　凌
封面插画：何　创
版式设计：陈韵如　汪　娟
内文制作：汪　娟
责任技编：王增元　伍先林

图书在版编目（CIP）数据

形象美学 / 黄焱冰著. —桂林：广西师范大学出
版社，2018.11（2022.5 重印）
ISBN 978-7-5598-1401-2

Ⅰ. ①形… Ⅱ. ①黄… Ⅲ. ①个人－形象－设
计－美学－研究 Ⅳ. ①B834.3

中国版本图书馆 CIP 数据核字(2018)第 264880 号

广西师范大学出版社出版发行

（广西桂林市五里店路 9 号　邮政编码：541004）

网址：http://www.bbtpress.com

出版人：黄轩庄

全国新华书店经销

珠海市豪迈实业有限公司印刷

（珠海市香洲区洲山路 63 号豪迈大厦　邮政编码：519000）

开本：889 mm × 1 194 mm　1/16

印张：19.25　　字数：345 千字

2018 年 11 月第 1 版　　2022 年 5 月第 3 次印刷

定价：128.00 元

如发现印装质量问题，影响阅读，请与出版社发行部门联系调换。

卷首语

鲜艳芬芳的花朵，挺拔葱翠的林木，独具特色的建筑，造型雅致的器皿……这是物之美；悠扬婉转的旋律，悦耳动听的歌声，惟妙惟肖的画卷，意境悠远的诗词……这是艺术之美；匀称健康的体魄，唯美精致的妆容，大方得体的服饰，优雅端庄的仪态……这是人之美。

美诉诸眼睛，打动的是心。

美让眼睛放光，却在心里凝神。

美在眼中留下形象与色彩，在心间留下欢愉与温馨。

美，是艺术，是时尚。

美，更是一门学问。

也许是出生于艺术世家的缘故，从小受到美的熏陶，耳濡目染，让我产生了一种"美的情结"，对美的向往与追求成为我的梦想。怀揣梦想，我选择了服装设计专业，让我的学习、我的研究、我的事业与"美"携手。

二十多年来，在艺术高校任教的我，专业领域不断延伸，授课内容包括服装设计、色彩、图案设计、化妆造型、人物整体形象设计和时尚生活美学。除了深耕大学讲坛，我还参与许多社会活动：担任各类服装设计、礼仪形象、彩妆造型大赛、模特大赛和选美活动的评委；组织策划大型时尚活动，担任各类时装发布会、文艺晚会、选秀节目的化妆及服装形象总监；担任媒体的时尚顾问并开设时尚形象专栏；应邀为企事业单位开设超过百场职业形象培训、演讲；为社会各阶层举办普及形象美学的公益讲座……面对座无虚席的讲堂，面对一双双期盼的眼睛，面对各式各样的提问，我读出了大众对塑造自身形象知识的匮乏与渴求，感触到丰富繁杂的现代资讯给普通大众带来的种种关于"美"的困惑。

法国艺术家罗丹说过："美是无处不在的。我们的眼睛，不是缺少美，而是缺少发现。"应该说，这是一个浅显但又非常深刻的道理。说它浅显，是因为人人都明白；说它深刻，是因为即使人人明白，但也不是人人都能发现美、创造美、拥有美。尤其在我游历了诸多国家之后，这份感触尤为深刻：漫步于巴黎街头，风姿绰约的老年人比比皆是；行走在东京街道，妆容讲究的家庭主妇、发型服饰一丝不苟的职场人士数不胜数；穿梭于米兰小巷，衣着时尚的普通人不计其数……他们即便在日常生活中也精心装扮，在美的外表下拥有的是一颗终生追求美、自信自爱的心，这种心态已成为他们生活中的常态。反观一些朋友，或因结婚生子，或因年龄渐长，逐渐疏于打理，慵懒随便，变得不善装扮，体态臃肿，似乎已对美麻木不仁；还有一些朋友，爱美求美，却急于求成，将这个诉求过度依赖于立竿见影的整容整形，或是不顾自身能力沉溺于豪气狂购奢侈品，走入追求美的歧途。

于是我不停地思索与探寻：如何使更多的人能理解美的真谛、享受美的过程、接受美的洗礼？如何将正确、深奥、专业的塑造美的技巧深入浅出地向大众普及？如何才能使美延续得更持久？如何通过自身学习使人随着年龄的增长变得更有魅力？因为追求美与拥有美，代表的是积极乐观的人生理念和更高品质的生活态度，它已非单纯的穿衣打扮，它还是一门时尚的生活美学课程。

美之所以长久地为人们所喜爱和需要，因为美不是个人的闭门修炼和顾影自怜，它在于分享的乐趣、向善的愿望，在于和谐、愉悦的整体氛围。能将多年在形象设计领域积累的经验和心得与大众分享，是我多年的心愿，亦是一种责任与使命。

这种感触与想法日益强烈，写作出版一本系统、全面，既专业又浅显易懂地介绍塑造个人形象方法的书籍的想法跃然而出，时至今日，得以付梓。

人的美不是单纯凭借容貌漂亮，或豪衣奇服，而是在自然的基础上加入适度的人为修饰，其最高境界是和谐。这是由内及外的过程，把个人风格、容貌、仪态、礼仪与言语等方面有机协调，实现人与物、内与外的和谐。美于形，美于颜，美于仪，美于语，美于心。美是诸多细节的协调统一，也是各个方面的和谐包容。

知美之人，是独特的。他拥有丰富多彩的情趣，善于寻美的慧眼，敏感细腻的心灵，能在繁华的都市里，不庸俗，不无聊，不平淡，不随波逐流，开创属于自己的一片天地。

知美之人，是有品位的。他气质高贵，举止优雅，仪态万千，从容淡定，自信独立，真诚大方，能在喧嚣的人群里，像一株亭亭而立的木棉，不忧亦不惧，始终保持自己坚忍执着的内心。

知美之人，是极具魅力的。他有思想，有担当，风情万种而又博爱睿智，能在物欲横流的社会里，保持自我，抵御诱惑，用知识与历练将自己沉淀成一本令人赏心悦目、百读不厌的书。

塑造美是有法可循，有章可依的。不需要依靠整形外科手术，也不必置办昂贵的服装，只要充分了解自己，凭借自身条件辅以恰当的色彩、服装、妆容、形体仪态、言语艺术、礼仪知识就能塑造出完美的个人形象。

世上没有完美之人，但有追求完美的人。

美丽，是一种持续追求的态度。

亲爱的读者朋友，愿此书能成为您开启美丽航程的伴侣；成为您破茧成蝶的秘密工具；成为您成就美好自己的形象管理手册。

请读者朋友带着一颗热爱美、热爱生活的心翻开下一页，开始着手塑造完美的个人形象吧，期盼每个人都能成为生活的艺术家！

美学领域从来不缺书，而是缺少用生命来写书的人。焱冰，这个安宁的女子，在美学方面的爆发力是你不可想象的。

美，是生命本身。人类在漫长的进化中不断尝试用文化捆绑住动物性的一面，让美贯通生命，让基因储存起更多的美好，繁衍延展，本质上就是希望让人类的生命代代沐浴在美好之中，臻于真善。

《形象美学》的文章章节顺序让人玩味——塑型、悦色、妆饰、驭装、理橱、博雅……浑然一幅生命的优美画卷。从尊重、认识、爱上自己的长相与身材开始，到认识并识别商品，以至于最终自由挥洒，让人衣匹配，魂神合一，这个旅程看似简单，但无数人却错误地行走了一生，只因不科学。让生命之美的展现首先吻合科学规律，是最基础的呼唤。然后，才能让生命的旅程驶入"理橱"。衣橱即人生，哪一个衣橱不记录着人的一段生命过往？整理与记录衣品，是看"美之表"；而查验衣饰包裹之下的心魂成长，才是看"美之里"。一个人能驭装、美仪、雅言、识礼，才是渊博雅正的开始，也才能真正驶入瑰丽的生命美学旅程。

用书来突破并提示生命美好，是因为人的生命本身是好美厌丑的。相比六七亿年前动物的出现，现代意义上的人类的出现也不过五万年。五万年中，人类始终是缓慢而坚韧地弃丑尚美、弃恶向善的，直至走到今天。压缩历史，我们会如此鲜明地看到人类是在尚美向善中进行着代际传承，然而直面当下，有时，我们会焦虑于因缺失美感，人心浮躁，人给社会甚至地球带来的危害之重。失去科学的引导，不懂节制，人类的因爱求美只能沦为一场漫长的无节制的消费活动，不但不能有效地求得美，反而会给地球带来资源的滥用甚至枯竭。这是为了求美，人与物质间可能存在的乱象。而对于人本身，抑制浮躁，以善念待人，从来都是生命美学的本意。

以书善己，以书利他，提升彼此的智慧，完善彼此的生命，也许就是焱冰写这书的本意。以美好贴切的文字，抒发所学，以勤奋的作为，实证人确实会因美向善，不正是一位美学人应保有的灵魂与作为吗？焱冰以书实证了自己，并希望利益读者。希望每一位尚美的人都能成为读者，读到这本书，同时读懂她。

作为焱冰曾经的老师，骄傲并感恩。

于西蔓

著名形象管理专家、北京西蔓色彩创建人

2018 年元月于东京

有人写书，字字珠玑，娓娓道来，令读者耳熨心贴。

有人写书，图文并茂，相映生辉，引人入胜，赏心悦目。

有人写书，融古汇今，凿凿言之，使人反复思量饶富启迪。

有人写书，文情磅礴，章理浩然，读来荡气回肠，动容倾心。

焱冰教授写书，毫无疑问地囊括前述所有特点。

时尚产业包罗万象，其体系何其雄浑博杂、琳琅多面，让人置身其中，俯仰之间却深叹仰之弥高，钻之弥坚。也因为它让人如此目眩神迷，涉入其中，莫不令人欣快感油然而生。近年来，时尚产业已俨然形同显学一门，眼前浮现红男绿女时尚信徒蜂拥传来逐水追潮的杂沓声，而其中与人关系最为密切的形象美学，它是由人类文明演进所造就的产物，与你我相随相生。论及形象美学，它是受众人簇拥追随，却欲语还休的热门话题，而之所以欲语还休为之词穷，只因为它不仅仅是服饰、发型、妆品之皮相美足以轻言道尽！

焱冰教授家学渊源笃厚扎实，生长于父母皆为知名艺术家之文艺家庭，且接受服装设计专业养成教育甚早，并从 1995 年开始投身服装设计教学工作，尔后深造研读于北京服装学院，之后接触到了形象设计，于 2005 年开始正式广拓其专业领域至形象设计行业，到 2008 年在高校本科开设了形象设计专业，2015 年成为第一代形象设计专业硕士研究生导师，其中投入的心血可以想知。这二十几年来，笔者见证了中国经济飞速发展的奇迹。一个由量变到质变的过程，社会对美的巨大需求，其间投入到形象设计之人可谓前仆后继，普罗大众各自簇拥其崇拜追随的时尚教主，盲从地顶礼膜拜。作者慨叹形象美学相关书籍在市面上之匮乏：非刻板教条式地说教，即相互抄袭，东施效颦地将西方的案例囫囵引用；再者如时尚杂志传递之口水信息，毫无条理和章法的拼凑，散点式片面表达，仅以名人效应和精美图片吸引粉丝，一鳞半爪般地将形象美学与流行趋势画上等号，令从众即时跟随且快速扬弃。焱冰教授深感时尚产业犹若繁花眩目之滚滚红尘，尤其对最难以解读的"人",都做了许多通透筋骨的透视与剖析,并透过清晰的思路与温暖的笔触,一以贯之。这本名为《形象美学》的巨著,将艰涩难懂的理论与历经实务佐证后淬炼出的完美同时呈现,能将形象美学如此深入浅出地着墨,确实少有,可谓启迪后人!作者虽然论述的是形象美学,却已经提升至品人养性之境界,是一种对美的信仰、探索、追求、实践、传播之毕生修炼,只因为形象美学,岂止是皮相之美足以道尽!

这是一本笔者极力推荐的佳作。对于深受时尚产业光鲜形象吸引的普罗大众、已就读于时尚相关系科的莘莘学子、已从事形象美学工作且有心"无上限升级"者,以及对于美好世界心怀无限向往却不得其门而入者,这都是一本不可多得的必读经典!

林国栋(Don Lin)

台湾辅仁大学织品服装学院助理教授、台湾新一代生活美学家

2018 年春分时节于台北

序三

这是一本关于教世人如何变美的书。

扮美自我，方能收获自信，进而赢取自尊。穿着打扮素来就有很多学问。形象特质、学养气质、职业修为、场景角色等，要把握得当，着实不易。俗话说："人要衣妆，佛靠金装。"

回眸社会文明进步之旅，无论中国的魏晋、唐宋，还是西方的古希腊、古罗马，在传世的文明遗物中，衣冠、配饰被发现得最多。人类繁衍生生不息，始终不缺乏追求生活美的热情。女为悦己者容，男儿得绅士之风。打扮、装饰之道，唯起点有高下，而从不分贫贱富贵。

笔者生于黄浦江畔，小时候便常常听到邻里长辈在人前人后说着一个不褒不贬的词——海派。这个人海派，腔调"克勒"；这件衣服海派，款式"摩登"。这个词应该用了至少一百三四十年了。"文革"时即便再扫"四旧"，上海在浩荡的红袖标中仍有那么一小批敢于冒险的时尚儿，依旧不忘十里洋场留下的那些"范儿"。

1995 年，笔者在上海策划了一个初级的时尚类展览会，因为那时候，即便是海派的上海人，也仅仅知道世界上有迪奥和资生堂。展览题目定为"人体包装系列用品展"，现在看很幼稚，因为这本来就不是贸易展能够表述的话题，老外们对此名称更是一头雾水。然而，现场人气爆棚，还破天荒加开了夜场。在临时搭建的舞台上，参展品牌自愿把各自的产品进行互相有机的搭配，为消费者提供各种整体形象装束的优化建议。上海电视台刚刚推出的《今日印象》栏目闻讯赶来，摄制了三集连续节目介绍这个初级版的"人体包装"概念，导演便是后来叱咤媒体界的黎瑞刚先生。而我的时尚情怀也由此奠定。

22 年过去了，而今的海派，引领着时尚，海风吹来潮流，上海沐浴在风中，上海人感悟得彻底。穿着打扮是潮流的潮头，它比音乐、戏剧更普及，比油画、雕塑更亲民。我的父辈们七老八十了，早晨起来仍要先用热水洗脸，去除油脂，再用冷水洗脸，收紧皮肤，然后施以百雀羚；他们要定期修指甲，用锉刀打磨得光滑圆润，然后在每一根手指上涂防裂的蛤蜊油。时尚总是和文明相伴的，因为追求时尚的人们总会注重另外一个行为——风度。风度一定是雅的，是脱俗的，不然不称其为"度"。人们从青少年开始逐步获得经济的支配权，从压岁钱到计时工资，再到真正的工资，逐步获得经济的支配权的过程也是审美的养成过程。很多信息，透过各式各样的传媒传播，良莠不齐。需要你有能力甄别，去粗存精，去伪存真，由表及里，发现真美。

焱冰教授是我多年前在南宁短暂工作期间的合作者，一位非常美丽知性的女士。她在千种面料、万种款式的服饰世界里遨游，以她的慧眼，总能引导你感悟到真正的着装之美，美妆之魅。在合作筹备"国际时尚博览会"的过程中，我们的审美理念轻而易举地产生了美的共识。但这还只是有时效的时尚活动，而焱冰的这本书，就令这个众人的衣柜里永远少一件衣服的问题得以谈深悟透，循着过去，便会渐渐得法有度了！

这本书可以留下去，既教化于今天的时尚，又留作他日新时尚萌发时的回眸。要知道，任何时尚在特定的时间点上，都是创新的。

朱晓东

上海市国际服务贸易行业协会副会长、著名策展人

2017 年秋于上海

目 录 Contents

第一章　塑型——衣与人的对话

第二章 悦色——肤色与色彩的对话

CHAPTER00

前言

我们应该知道的美丽理念

前言
我们应该知道的美丽理念

德国哲学家黑格尔对于美的本质这样定义："美是理念的感性显现。"即"思想决定行为"，人的穿衣打扮、言行举止无一不昭示着其对美的理解与诠释。树立正确的美丽理念，由内至外修塑自己、完善自己，才能成为人群中具有独特审美气质之人。

一、美是生命力

一件衣服、一双鞋子、一枚首饰摆在橱窗里，是静态、单纯的物之美，其轮廓、材质、色彩所呈现出来的是设计之美，显示了精美的材质、和谐的比例、优美的线条等韵律组合给人带来的愉悦。美的服饰是提供给人们更好地享受、品位、体验生活的道具，但这样的美终究缺乏生命力，只有当适合它们的人将其穿戴，物之美与人产生了和谐关系之后，它们焕发出勃勃生机，才是在真正意义上诠释了人的个性和生命力的着装美（图0-1）。

服饰美和人的关系体现在多个层面上，这种综合既是物质产品，也是精神产品，它的双重属性包含了人的精神状态、气质风格与服饰物品高度协调、统一所形成的状态美。设计师设计服装、配饰属于首次设计，而穿搭方式作为二次设计，能赋予服装和配饰更强的生命力。正如城市之美不仅在于其街道、建筑所具有的静态美，还包含了数以万千的人行走其中，由一道道流动的风景共同构筑的美丽画卷之动态美。"野马也，尘埃也，生物之以息相吹也。"美是气韵灵动，美是生机盎然，美是一种蓬勃旺盛、充满朝气的生命力。美衣悦目，美人赏心（图0-2）。

图 0-1　橱窗里的服装陈列

图 0-2　着装的状态美

二、美在内外兼修

子曰："质胜文则野，文胜质则史，文质彬彬，然后君子。"我们可以把"质"理解为内在的本质，把"文"理解为外在的服饰装扮。就现代个人形象而言，人若要成为受人尊敬的谦谦君子，需要内外兼修，表里一致，将有形与无形之美相结合，并从中寻找到平衡点，将个人气质与服饰风格和谐统一。

美的事物包含两方面——形式与内容。形式是有形的、可视的，而内容是无形的、可感知的。当形式大于内容时，这个事物徒有华丽的外表，经不起细细品味；当内容大于形式时，则"酒香也怕巷子深"，让人第一时间难以提起欣赏与品味的兴趣。人亦如此，其构成外在形象的服饰搭配、化妆发型、场合着装、形体仪态等要素是外在的，属于人的形式美范畴；文化修养、语言表达、社交礼仪以及良好的生活方式、受教育程度、养成的性格等要素则是内在的，属于人的内容美范畴；内在美通过外在美体现，外在美通过内在美诠释（图0-3）。要内外兼修，不仅有赖于个人内心世界的充实，还有赖于通过不断学习、探索，提升个人美育素养。

也许，有人认为真实而自然的自己最好，每天不修边幅、不饰容妆，相对于外表，更愿意注重内心修为，认为内心的修为才是本质的美。其实，这种观点是片面的，它只看重了内容，却忽略了形式。选择素面朝天，也许是因为工作需要、生活环境使然，也许是因为缺少

图0-3　外在美和内在美的体现与诠释

方法而干脆放弃，抑或是纯粹的懒惰。著名电视节目主持人与制作人、羽西化妆品公司创建人靳羽西女士说过："这个世界上没有丑女人，只有懒女人。"诚然，内心的修为是所有美的基础，但若独有内在的品质，却忽视外在的修饰，会让人心存遗憾；反之，若是空有漂亮的外表，言语行为庸俗不堪，也难免让人心生惋惜。好比一本书，将美置于书封，读者才有兴趣翻阅，而精彩的内容又会让人拜读千遍也不厌倦。

美人有两种，一种是天生丽质型的，只要稍加注意就能打扮得很漂亮；还有一种是后天学习型的，这种人有较大的装扮空间，能通过努力学习各种与美相关的知识，把自己塑造成富有个性、独具气质的励志型人。如果你认为自己的身材相貌不够出众，那么，请想办法将劣势转化为优势，找到改变现状的好方法。天生不够美的人一旦把自己打扮得优雅而有品位，会收到许多人由衷的钦佩和赞美。如果你认为自己的身材相貌已经非常出众，就可注重提升内在的美，没有人会拒绝为自己锦上添花。请相信，无论何时，我们都可以比原来的自己更美，都可以有更优雅的仪态和更得体的行为举止。真正的"型男""美女"应该包括两方面：一是有形之"型"，指外形的帅气靓丽程度，包括身材、相貌、着装、体态；另一方面是无形之"型"，看不见，却能感受得到的言谈、个性、气质、教养以及健康生活方式下养成的品位。两者合二为一，才能称为名副其实的"型男""美女"。有一种人的美不具有令人眼前一亮或是瞬间惊艳的视觉冲击力，却能让人看起来很舒服，一举手一投足、一颦一笑散发出来的个人魅力，绵绵不断，功力非凡，让人过目不忘，回味无穷。通过内外兼修获得旁人由衷赞美的背后，传递着尊重美、懂得美、耕耘美、积极向上的乐观生活态度。这样的美更持久、更耐人寻味。完美形象就应该是一个人全方位传递出来的美的信息，初看是美的外表，细品是美的修养（图0-4）。

图 0-4　美的外表与美的修养相结合

三、美由细节构筑

涓涓细流，汇成百川。美不是单一、片面存在的，而是由许多局部、细节构成的整体。别小看了细节，俗话说："失之毫厘，谬以千里。"试想，一位西装革履、衣着光鲜的男士向您走来，近看肩上满是头皮屑；一位光鲜靓丽的窈窕淑女选购物品，伸出双手，指甲油已斑斑驳驳。这细节难道不会让人对他（她）的印象大打折扣吗？追求完美之人一定对自己的每一个细节都有要求。闻香识人，一个人身上的气味虽然看不到，但能闻到；听语知人，一个人说话的内容和态度虽然也看不到，但能听到。视觉、嗅觉、听觉、触觉构成了完整的感官印象，编织出一个人留给旁人的整体形象。可见，每一个细节都不容忽视。有句广告语，"越严厉，越美丽"，不无道理，没有对作品完成度及每个细节苛刻、严格的要求，便无法做出完美的作品。就如一部优秀的影视剧作品之所以能赢得赞誉，红透半边天，除了有好的导演和演员，其幕后灯光、摄影、场景设计、道具、化妆、服装造型团队的专业水准，以及对每个拍摄细小环节的把握，都是制作出唯美视觉盛宴不可或缺的要素。像电影《天使爱美丽》没有大场面、大投资，但从主人公的衣着、家居、饰品、文具，到大街小巷的水果摊、电话亭，无一不别致精美、令人动容。法国之所以能设计、生产出那么精致的奢侈品，与该行业专业人士对每一个细节精准、严苛的要求及其大部分国民追求完美、懂得欣赏艺术不无关系。

细节之于美，区别在细心与粗心、讲究与邋遢、精致与粗糙。有的人什么都不讲究，在家吃瓜子、水果，也将瓜子壳、果皮扔得满地都是，等待钟点工打扫，总觉得有钱就能拥有一切。或许美的对立面不是丑，而是庸俗、粗糙，日渐庸俗、粗糙，甘于庸俗、粗糙，继续庸俗、粗糙。对一部分人而言，人生就是一个逐渐走向庸俗、粗糙的过程。因为要拥有美、

图0-5 不经意的小细节反映出对一切的心思和态度

拥有高品位的生活，成本太高，要跟着社会的发展与时俱进、不断学习，对自己有所要求，对构成完美的每个细节有要求，才能不丧失学习掌握细节之美的耐心。千万不要认为这些细枝末节无关紧要，或许一件不恰当的饰物，一句欠妥的言谈，一个不雅的举止就会使个人魅力大打折扣，甚至让人怀疑你的能力。其实这些不经意的小细节，折射出的是人的修养与品位，反映出的是对自己、对他人、对工作与生活的态度（图0-5）。

四、美与年龄无关

英国女王伊丽莎白二世，每次亮相都"全副武装"，精致、优雅到骨子里，值得一提的是她用精心装饰的帽子独领风骚了60多年。回顾我们身边，精致而美丽的老年人似乎少之又少，即使有，相对于人群基数来说也是凤毛麟角。似乎大部分老年人不太讲究衣着，缺乏美丽到老的信念和追求。我国商场按目标消费人群的年龄，划分了青年服装和中老年服装，似乎上了一定年纪的消费者就只能购买设计老旧、款式刻板、颜色灰暗的所谓"中老年服装"。在人们的审美潜意识中，美丽与时尚只属于年轻人，似乎年龄稍长，就不该美了，也不能时尚了。不知从什么时候开始，一次性塑料制品逐渐取代了搪瓷脸盆，当年那些随处可见的牡丹花口盅、喜鹊刺绣桌布，如今都变成了"复古"的空洞噱头。其实，选择怎样的生活态度和穿衣打扮方式，在于人的心态而非生理年龄。当然，为了显示年少老成而把自己打扮得过于成熟，抑或是一把年纪还穿着超短裙、梳着两小辫，打扮得花里胡哨、卖萌扮嫩，都是不可取的两个极端。请从此刻开始，敢于面对自己的年龄，保持健康积极的心态，不放弃对生活趣味的品评。要知道，每个年龄都有属于每个年

图 0-6　80 多岁的模特卡门依然活跃在世界时尚舞台

龄的花语，都可以诗意地绽放。

　　出生于 1931 年的美国模特卡门·戴尔·奥利菲斯（Carmen Dell Orefice），80 多岁高龄时仍然活跃于世界顶级时尚秀场，岁月带不走她的优雅，银发是她特有的时尚。一个连时间都拿她无可奈何的女人，才是真正的女神。在她身上，美不会随着时间的流逝而消失，岁月沉淀的优雅如同舒缓的乐章，让美经典而持久（图 0-6）。

　　美是可以长久的，人之美不在于年龄，而恰恰是随着年龄的增长，经验、阅历增加而更加美丽。不管是豆蔻年华，还是耄耋之年，保持美的风范，都应是大部分人的追求。人到了一定年龄，因工作、人生阅历、经济等各方面条件的积累，会散发出一种成熟稳重、耐人寻味的魅力。这种由长久历练而产生的气质，经久耐看，余韵悠长。一个人的美，并不仅仅是容颜，也是所有经历过的往事，在心中留下痕迹又褪去后展现出来的坚强与安谧。随着岁月流逝，容貌渐渐老去，皱纹也会爬上每个人的脸庞，唯有人的气质是持久的、永恒的，真正的气质修养和美好形象需要每天积累，坚持不懈，形成习惯，并使之成为一种日常的生活态度。

禅宗语："春有百花，秋有月；夏有凉风，冬有雪。"这句话表示大自然的每个季节都有美的意象，不用过于留恋过往的美好，而忽略眼前的幸福。从大自然的阶段美可以推理出人的阶段美。婴幼儿时的稚气烂漫，儿童懵懂的天真活泼，少年萌动的纯真羞涩，青年期的朝气蓬勃，中年的成熟知性，老年的优雅安详，构成了人一生千姿百态、无穷无尽的美，每一种美都不可复制和替代。从某种意义上说，人老去的只是容颜，时间会让人的内心变得越来越丰富、动人。处于当下的你不必暗自感伤岁月的流逝，也不必一味追忆似水的光阴，过去的美已成经历，未来的美仍未到来。美，其实可以跟随人一辈子。美，与年龄无关（图 0-7）。

图 0-7　美与年龄无关

五、美并非女性专利

谈到美，很多男性朋友的第一反应就是："与我无关，那是女性的专利。"其实不然，俗话说得好"爱美之心，人皆有之"，美并非女性专利，它与人人相关。近年，影视明星中的花样美男形象广受女性追捧，试想，若我们身边多一些这样养眼的男士，女性们还会这样盲目崇拜他们吗？这是干净、儒雅、内敛、精致、彬彬有礼的男性之美。世界杯足球赛的赛场上，每逢足球队的队员出场，总能收获众多女粉丝的尖叫，这是运动、阳刚、健康、健硕、威武雄壮的男性之美。但无论何种男性美，在当下均备受大量女性的青睐。

其实现代意义上的美是经营出来的，它由点滴的专注与不懈的努力汇聚而成，不仅带着先天的润泽之光，更包含了后天锻造的优雅情怀。优雅是一种美学现象，凝聚着一个人对人生和生命的态度，彰显着一个人对世界的体会和思索，这些绝不仅是用口红、粉底、丝袜或是吊带裙、高跟鞋以及硅胶、玻尿酸所能够代替和概括的。无论女性还是男性，可以天生不漂亮，但一定要活得够美好。无论什么时候，渊博的知识、良好的修养、文明的举止、优雅的谈吐、博大的胸怀以及一颗充满爱的心灵，都可以让一个人变得更美，活得更美，哪怕这个人长得并不好看，身材并不完美。美，在于用心地经营，仔细地发现。如同经营自己的事业一样，良好的修养与较高的品位所蕴含的美也需要悉心经营，经营美更能展示与众不同的智慧和一丝不苟的态度。若您是男性，请不要排斥美、拒绝美、误解美，敞开心扉拥抱美、接受美、欣赏美，并将之融入生活中，带到自身的形象塑造中，这样在收获成功事业及许多朋友欣赏与赞美的同时，也能收获一份独特的美好心情与惬意生活。

六、美是一门学问

　　有人说30岁之前的美丽是天生的，而30岁之后的美丽则是自己努力的结果。有这样一个故事：有一次，美国总统林肯的一位朋友向他推荐一个人，林肯答应见见他，然而见面之后，林肯却否定了他，问其原因，林肯说："我不喜欢他的外表。"朋友说："您怎能以貌取人呢，他也不能为自己天生的样子负责啊！""不，一个人过了30岁就应该为自己的样子负责。"林肯坚定地回答。是的，一个人30岁以前的美主要依赖于天生的模样，而30岁以后的美，则依赖于他的气质与魅力。容貌身材的美是父母给予的，而气质和体态的美是后天艺术修为的产物。天生丽质固然迷人，但用心经营、塑造的独特气质之美更令人回味无穷。

　　不少人谈到塑造自身形象，首先想到把钱花在整形上，或是购买价格昂贵的服装、配饰、化妆品。在一部分人眼中，美被物质化了，变成了随时可以购买的东西，好像穿上一身名贵的衣装，就能拥有美的形象。一旦有需要，用钱买来就是，不需要学习与努力。同样，认为学习与塑造美好形象有关的知识太浪费时间的人也不在少数，他们没有那个心思，甚至认为根本不需要去学习，只要拥有一个凹凸有致的好身材和漂亮、精致的面孔就美了。他们有时间刷微信朋友圈、微博，没时间看书；有时间玩游戏、打麻将，没时间运动；有时间聊八卦、侃大山，却没时间用行动追逐自己的梦想……

　　当社会变得越来越喧嚣、浮躁，快餐文化大行其道，各路网红梦想一夜成名，"急"已经成为许多人生活的常态，想不学而美，或是急于变美，一切皆想要"马上获得"的人比比皆是。这种心态通过互联网和一些媒体的炒作，在社会上蔓延，甚至传给了身边人，传递给了自己的孩子。要知道，知识需要积累，文化需要传承，美丽需要学习，美好的形象需要日积月累的沉淀。太急功近利，欲速则不达。

　　塑造完美形象需要很多要素的和谐统一。仅从视觉角度来说，服装要素，就包括了款式、色彩、材料、版型工艺以及搭配等学问；发型、化妆要素，则包括适合自己的发型与发色、化妆与肤色、化妆与服装的关系的和谐一致等知识；而最关键的要素是依据场合来穿衣打扮，场合着装得体体现了自身审美品位和对别人的尊重程度。

　　在自己力所能及的基础上合理支配金钱，用钱财购买适合的服饰，并且通过巧妙的搭配变化出多种风格，在高雅的品位和有限的金钱之间取得平衡，这是一门学问；了解自己，对自己的工作性质、性格特征，尤其对自身体态、相貌有清晰的认识和准确的判断，这也是一门学问；正确进行服饰选择、色彩搭配、衣橱管理，掌握彩妆技巧、礼仪规范，这还是一门学问。学问可以通过学习获得，拥有完美形象的人能在各种不同的场合恰当地运用服装

图 0-8　美是一门学问

与配饰提高自身价值和个人气质，展示优雅的形象。学习是人的一种能力，是美丽成长的基础，学习能使一个人的形象变得更加完美，学习能让我们的生命以完美的形式走完此生（图 0-8）。

七、最美的风景在路上

庄子曰："天地有大美而不言。"我们生活的这个世界是一个美妙的万花筒，至美、大美往往隐逸在自然里、平凡中。视觉不同，心态不同，感受和收获也不同。旅行，是发现和欣赏美的过程。许多人都有过旅行的经历，但"上车睡觉，下车尿尿，景点拍照，回来一问，啥也不知道"却是部分人旅行的真实写照。有人说，生活中除了车子、房子，还有诗和远方……我们不一定要会写诗，但要有欣赏诗的修为；我们不一定要真到达远方，但要有行走的能力；我们不一定有设计美好产品的能力，但可以拥有一颗探寻美的心。都市人每天总是行色匆匆，对自然美、艺术美、生活美常常漠然视之。要知道，旅行是让我们暂别熟悉的周遭，享受归来的惊喜；旅行，是让我们带着发现的欣喜从远方回到起点，然后重新认识与感受它；旅行，是在地球上的另一端留下行走的足迹，作为日后的品味与回忆；旅行，是去了解不同的风土文化，去感受别样的生活节奏，体验异域的美好风情。"距离产生美"，一望无际的大海对旅行者而言很美，对捕鱼者而言却充满了危险，只有"静心观照"，才能促成风景。每一次旅行，目的地并不重要，重要的是沿途看到的风景以及欣赏风景时的心情，还有留下的或开心快乐、或惊险刺激的种种回忆。若心里被各种物质和欲望操控，我们便无暇顾及，也发现不了美景，最终一无所获。

其实，最美的风景就在游历的旅途中，在经历的生活里。诗人陆游写过："汝果欲学诗，功夫在诗外。"对人生、对美的体验丰富了，才能写出优美的诗句，正所谓"诗外寻诗，画外寻画"。如果我们能够为了倾听街头艺人的琴声而停下匆忙的脚步，能够因树叶被风摇曳飘落心头变得柔软，能够看到孩子纯真的笑脸而感受到美好，那么能感受到的美与收获到的快乐将比现在多很多。

同样，最美的形象其实就是自己，不要总觉得别人比自己美，不要总觉得下一站风景会更好，总觉得明天的生活比今天好。我们要珍惜现在，憧憬未来，相信自己就是独一无二的，这样的自己才是充满自信而且美丽的。

八、装扮美的四重境界

每个人都有两个形象：第一个形象是不施粉黛、不饰衣装的状态，即素颜、静止时的样子；第二个形象则是经过精心装扮的状态，即装扮美——通过形象包装后，其外在形象与谈吐、仪态等给人留下的整体印象。进行第二个

形象自我装扮的态度、方式反映了一个人的审美趣味、思想意识等内心世界。

第二个形象的装扮美可以由浅入深地分为以下四重境界，每个人都可以根据自身对于美的认知、对于服装和饰物搭配的了解与能力做个自我鉴定，看看自己目前处于哪一重境界。

第一重境界：扮美新手级。熟悉一定的服饰搭配规律和技巧，能把一身服装与配饰搭配成同一种风格（图0-9）。

放眼每天行走在街上的人，搭配不当而产生视觉混乱的例子比比皆是，如何把全身上下搭配成统一的风格，这是建构装扮美的初级阶段，是可以通过学习得来的。

第二重境界：装扮先锋级。了解自己的身材、长相、肤色、气质等，并熟悉服饰搭配的基本规律，拥有一定的审美，找出最适合自己的装扮风格。在此基础上，多穿适合自己风格的服饰，给他人留下深刻的印象。这是建构装扮美的中级阶段（图0-10）。

第三重境界：时尚达人级。不仅了解自己、熟悉服饰搭配的基本规律，而且还能结合时尚流行元素，依据场合的需要，做各种不同风格的装扮，塑造出多变的形象。对普通人而言，这已达到构建装扮美的高级阶段（图0-11）。

第四重境界：百变大咖级。已经将审美和时尚的理念熟稔于心并超越理论，完全不理会各种理论知识，将看似毫无章法的各种异质元素混搭于一身，在碰撞中求得和谐，形成属于自己的风格，打造出只能让别人模仿而无法超越的个性形象。正如大画家石涛先生所说："无法

图 0-9 熟悉服饰搭配规律与技巧

图 0-10　了解自己的身材、长相、肤色和气质

图 0-11　塑造多变的形象

图 0-12　打造出别人无法超越的个性形象

之法乃为至法。"这是装扮美的最高境界（图0-12）。

这四种由浅入深的境界，都需要在对上一重境界深入理解并掌握之后方能进入下一重境界。

装扮美得体，要服装、色彩、材质搭配得当，更要穿对场合。一些女性朋友晚间到酒吧消遣时画着浓重的烟熏妆，涂黑指甲油，穿黑皮衣、皮裙；参加宴会、聚餐时则选择佩戴奢华珠宝、穿着优雅的礼服；而日常上班时则画淡妆，穿着素雅、严谨的正装。为什么在不同场合要把自己装扮成不同的形象呢？这正是出于得体的需要。只要通过系统的学习与锻炼，掌握一定的场合着装规范与要求，就能根据自身情况和需要，恰当地运用服饰语言塑造出多变的形象。

提升自我装扮美的境界，呈现完美的第二个形象需要专业的知识与专家的指导。专业人士的指导能让您用他人的眼睛审视自己，真正的专业人士能用客观、专业的知识和经验告诉您，如何理性地看待自身条件，塑造丰富、多变形象的可能性，以及装扮美的具体操作方法。"闻道有先后，术业有专攻"，在形象美塑造的思考、学习、实践上，专业人士通常比非专业人士花费更多的时间，有更多的机会接触这一领域领先的理念、资讯与知识，有更多的体验、实践为来自不同领域，拥有不同相貌、体态、气质的人进行形象设计。专业人士能用一双慧眼从专业的角度出发，发掘人的内心世界，分析、判断人的气质、特点，再指导人们把这些内在层面的东西投射到外在形象上，全面、有深度地在茫茫的风格海洋中迅速找到捷径，找到专属此人的第二个形象呈现方案。

我愿意奉上此书，为帮助您呈现完美形象尽绵薄之力。

九、走出美的误区

在当今教育体系中，各种知识、技能和所谓素质教育课程占满了学习的时间，可真正的美育课程却少之又少。尤其近20年来，中小学男女统一以运动服为主的校服制度，虽然避免了学生间存在的攀比现象，但造成了男女生性别模糊和从小美感教育的缺失，所谓的美术课程也仅是学生跟着老师的示范临摹，缺乏创造性启发和引导式的审美教育。以致许多人成年后对自身形象管理毫无概念，无从下手，走上工作岗位，到了属于自己的独立生活中，当需要用时，就"病急乱投医"。我在学员中做过这样的调查，问在成长过程中是否接受过类似关于生活美学的知识普及教育时，大部分人遗憾地回答："没有。"又问："那么关于美的感受能力和创造技能在日常生活中是否必需呢？"大部分人肯定地回答："太需要了。"

对于美，每个人有不同的理解与标准。近几年，我到不同的单位演讲与培训，在传播美的同时，也倾听了人们对美的诉求，交流中发现不少听众对装扮美存在一些误解，走入了装扮的误区。这些问题也是普通大众问得多的问题，其中较典型的有以下几个方面：

第一，关于化妆。

误区一：化妆太浪费时间。

每天花费多长时间化妆比较合适呢？据调查，通常人们认为10分钟以内完成日常妆是能接受的，也是最为合适的。其实，通过行之有效的方法传授和学员自己花一些时间练习，是可以5~10分钟完成一个适合平时工作和生活的妆容的。

误区二：认为常化妆会伤皮肤。

化妆品是否伤皮肤？第一，取决于您选择的化妆品是否适合您的肤质；第二，请不要选择劣质或过期的化妆品。现在许多品质好的彩妆还能起到防晒和护肤的作用，可谓一举多得。此外，皮肤的清洁、保养也非常关键，正确的卸妆方式和持之以恒的日常护理对皮肤有好处。

误区三：化妆比不化妆还难看。

确实有化了妆比不化妆难看的情况，这主要是化妆技术不佳的缘故，对自己的五官和什么是真正美的妆面没有正确的认知，化妆过程中没有"扬长避短"，而是把不美的地方暴露了出来，或是在不该化浓妆的场合也浓妆艳抹。要想拥有一个美丽而适当的妆面，需要具备一定的审美素养并对化妆技巧有一定的掌握。

第二，关于美容整形。

误区一：过度夸大美白的作用，认为"一白遮百丑"，不管肤色深浅都要进行美白。

每年夏季，不少化妆品商家会做美白产品的宣传。美白固然是中国传统的审美观念，但在当今社会，审美已趋向多元化。不论哪种肤色，只要是健康而有光泽感的，都应称之为美

的皮肤。学习了专业的色彩知识之后，您会发现，深浅不一的肤色搭配了适合的色彩，都能展现出美的视觉效果。

误区二：过度依赖美容整形。

适度的美容能延缓皮肤衰老，但不能把美容作为塑造美的唯一手段。现在整形医疗的广告遍布大街小巷，有整形机构组织过一场名为"某标准美女选拔赛"的选美活动，虽然营造了轰动一时的商业效果，但却对大众造成了潜在的误导。大眼睛、高鼻梁、锥子脸网红的流行，也使得普通大众的审美单一化、脸谱化。要知道，"美女"是没有固定标准的，许多经典的美女均因其独特的风格、气质，几十年后还在世人心中留下深刻的印象。如果将人都朝着一个标准方向去整形塑造，营造"千人一面"的效果，这本身就违背了美的本质，既不健康，也不可取。自古就有"东施效颦"的故事值得警醒：西施生了病很难受，紧锁着眉头，这种孱弱的病态美，让人心生怜悯；同乡的丑女误以为美的关键就在于皱眉，盲目地进行模仿，还被冠了个"东施"的外号被嘲笑至今。因职业等原因对容貌、身材进行适度微整形无可厚非，但若遇上不良商家只怕是会落得个毁容的结局。倘若不顾自身条件一味沉迷于整形，或将事业、家庭等的不如意归结于面相不好，甚至是以牺牲身体健康为代价，这样的整形是不可取的。人工雕刻的痕迹越重，皮肤就越僵硬，看起来就越不自然，仿佛戴着假面具，而这样的美也无法持久。我们可以通过科学的锻炼保持身材或雕琢形体，用持之以恒的保养延缓皮肤的衰

老，拥有健康的体魄，生活才更有质量。并非单纯把身体的某个部位打造漂亮了人就能够变得漂亮。从整体出发，塑造一个匀称、和谐的完美体态才是形象美的关键。

第三，关于穿衣打扮。

误区一：打扮夸张，甚至与特定的舞台装混淆。

一部分人认为只要是打扮，就是穿金戴银，吸引众人的目光。这样的理解未免过于狭隘和片面。其实打扮讲究的是得体与适度，并非在身上堆加许多装饰就成，要将生活装与舞台装区分开来。

误区二：进行装扮后会遭人非议。

适当的装扮是为了更好地展示自己的形象。根据场合和自身条件进行得体的装扮，没有人会看不惯。调整好心态，学会接受慢慢改变的自己，美不单为悦己者容，更应为己悦而容。

误区三：认为没有钱就不能追求美。

要知道，衣服不贵在多，贵在精和会搭配。如果经济条件不是太好，学习了服装搭配技巧，可以运用专业知识在有限的衣着中搭配出多变的效果。有朋友花 70 元买了一条裙子，穿上这条裙子去逛商场时，吸引了许多人的眼球，包括商场的销售员，无不夸其漂亮，当谈论到花费了多少钱购买时，多则猜 10 000 多元，少则猜 700 元，最后得知才花了 70 元时，无比惊讶，赞叹不已。服装不是越贵越好，适合自己才是最好的。时尚并非是由各种价格不菲的名牌堆砌，穿不好也可能会演变成名牌的灾难。还有一些朋友迷恋名牌，互相攀比，唯物质论，

将自信完全建立在名牌的包装之上，这也不是健康、正确的价值观。真正好的名牌不仅仅是把 LOGO 打在身上，向世人展示价格，更重要的是给人们提供和倡导一种高品质的生活方式。

十、形象美的要素

形象美主要由八大要素构成：1. 服饰搭配；2. 化妆造型；3. 场合着装；4. 形体仪态；5. 语言艺术；6. 文化修养；7. 社交礼仪；8. 生活方式。

这八大要素是现代人无法在学历教育中学习到而又面临的新课题：如何在海量的服装中找出适合自己穿着的服饰，如何在时尚潮流中不使自己成为名牌的奴隶，衣服穿在身上怎样才能最好地体现出自己的风度和气质？现代生活压力非常大，面对各种压力，常常体会不到生活带来的开心快乐，如何认知和选购服饰并从寻找美的过程中体会到美、体会到服饰给生活带来的乐趣？如何识别网购中以假充真的陷阱？在不同场合如何运用服饰体现自己的品格和品味，展示自身的魅力？如何在生活中融入艺术的修为？

这些知识将在后续的篇章中为您一一讲解。

看了这些，亲爱的读者朋友，你们准备好了吗？在了解了我们应该掌握的美丽理念之后，一同开启学习装扮美的旅程，共同修炼美好的气质，塑造完美的个人形象，成就最美好的自己吧！

CHAPTER 01

第一章

塑型——衣与人的对话

第一章
塑型——衣与人的对话

随着社会经济的发展，人们审美情趣日益提升，服装个性化、时尚化已成为不可阻挡的审美潮流。人们需要借助服装表现自己的审美倾向和性格态度，展现一定的社会角色和地位，并期望通过服装的社会功能提升自己的信心，强化生活格调和品位。服装不仅成为时尚与美强劲的代言，也彰显着整个社会的经济状况，反映着一个时代的审美和文化内涵。

相信许多人都有这样的经历：逛了一天街，面对琳琅满目的服装，眼花缭乱却无从下手；热衷于追求每一季的"流行爆款"，盲目跟风却并未换来他人对自身衣着的好评；面对家中堆积如山的衣物，还总感觉衣橱里"永远少一件"，陷入无衣可穿的困境；要出席重要场合，翻遍衣橱也找不到一件合适的；看到别人穿得好看的服装，买回来穿到自己身上却发现和想象相距甚远……种种购置衣装的苦恼，往往令人无所适从，困惑多多，时常让人处于茫然之中。难道建立自己的穿衣风格就这么难吗？服装真的是让人又爱又恨。

俗话说："人靠衣装马靠鞍。"又有曰："云想衣裳花想容。"衣装于人意义不凡，远不止遮羞保暖的实用功能这么简单。服装置于生活需求——"衣食住行"之首，看似简单却很重要。穿衣如同每日就餐，合理均衡的膳食搭配才能吃出健康；恰当得体的打扮，才能穿出美感、穿出品位、穿出自信。服装覆盖于人体之上，被称为人的第二层皮肤，是人体亲密的朋友，具备保暖、防御、遮羞等基本功能，对现代人而言，装饰美化功能又超越了实用功能，它是社交的"重要工具"，是人与人沟通、交流的"无声语言"，是初次见面的"感官名片"。一个人初次留给他人的印象——个性、年龄、受教育程度、生活环境、审美层次等会依托服装将这些信息传递出去。一位心理学家做过实验，当他衣着普通，甚至较为邋遢地进入大型商场选购服饰时，售货员对其不屑一顾，态度冷淡，甚至言语中还会流露出嘲讽的意味；而当他换了一身行头，衣着光鲜地进入同一家商场时，售货员的态度随即发生转变，态度热情，服务周到。或许有人会说这是某种势利虚伪的表现，但"衣食足而知荣辱，仓廪实而知礼节"，人作为社会动物，在适当的场合展现出适宜的着装正是名誉和礼节的基本要求，也是人际交往得以顺利开展的前提。抛开售货员个人素质等因素，这一试验足见衣着对人形象起的关键作用。

服装是否合体舒适，是否能掩盖和弥补自身的一些缺陷，是否能体现出形体之美感，是很多人考虑许久也不得要领的难题。服装在个人外在整体形象之中，占据最大面积，是除了脸庞的视觉重点，更是所有整体形象设计中最能激发人视觉感受的部分。服饰搭配是门学问，要对其款式、风格、色彩、材质、版型做出准确判断，才能在购买时找到适合自己、得体美观的服装，并且胸有成竹，爽快抉择，这都有赖于对相关知识的理解和掌握。

一切听起来似乎玄乎，但其实并不抽象，服装构建的视觉形象有四大要素：材质、款式、色彩、场合。如果某天您的着装这几个要素都挑选对了，那么那天的您就是完美的；如果只挑选对了三项或两项，那么您的视觉形象则略逊色；如果没有一项挑选对，那么您的形象就是比较糟糕的。

开始尝试自我改变时，可能会受到既往观念和受教育程度的制约，一时无法接受新鲜事物；抑或是受到来自亲朋好友的负面评价，而心生怯意：他们试图阻碍或是质疑我们重新选择的风格，习惯用以往的风格审视、对待、打击新的形象，用他们个人的偏好来裁定我们。这时，请千万不要被影响，不管是将自己的过去和现在进行比较，还是将自己与他人进行比较，都是具有局限性的，很容易迷失自我。因为每个人的意见和主张不同，每个人的外形特点也不同，若把这些繁杂的意见全都置于自己身上，个人形象将会变得模糊不清，风格混乱。尤其是对自身形象不太自信的人来说，学习之前，将以往的穿衣认知归零非常重要，要知道，把自己变美先是从自身出发，敢于尝试新形象，改变固有的着装观念，这是打造完美形象的第一步。

服装、配饰是有型的，人体也是有型的，只有当服装的型与人体的型完美结合，在人与衣的关系中找到二者的平衡点，使人衣合一，营造和谐融洽的关系，才会呈现出完美的状态。只有对人体的型和服装的型有一定的认知与了解，才能做出相应准确的判断和选择。养成正确的穿衣态度，建立属于自己的穿衣风格，将无形的品位化为具体形象，才能为美丽增光，为气质添彩。

一、认知面料

对大多数人而言，选购服装时首先考虑的是色彩和款式，接下来才会留意其面料和质感，或者对面料根本就没有任何概念。许多普通消费者对服装面料知识的了解远远少于对款式和色彩的了解，对面料的认识仅仅局限于棉、麻、化学纤维等常规种类，分不清真丝和仿真丝、针织和梭织、羊毛和腈纶。市面上有一些穿衣打扮的书籍，也多偏重色彩、款式等方面内容的介绍，很少提及服装面料，殊不知，面料能够左右一件衣服的外观，对服装的显色、塑型以及服装的档次和品质起着决定性作用。

面料贴近人体皮肤，面料的品质影响着人的身体健康和生理卫生情况。了解面料的属性有助于提高鉴别服装品质的能力，提升穿衣品位和穿衣的舒适度。决定服装价值的要素除了品牌知名度和设计，面料也是一个重要的甄别因素。面料是所有服装造型与设计的基础，一件服装设计的好与差，面料的选择至关重要。相信大家都有这样的常识：皮毛类面料多用于制作冬季外套，不会用于制作睡袍；而针织类面料多用于制作休闲类服饰，很少用于制作正装类西服，这与面料的特性相关。

（一）常见面料的材质分类

1. 天然纤维面料

天然纤维面料的共同特性是穿用舒服，手感温和舒适，安全无害，但易皱、易发霉，尺寸稳定性差，在一定程度上给服装洗涤保养带

图 1-1　棉织物制成的服装图

来了不便。随着现代纺织新技术的发展，中高档天然纤维面料的不足已得到不同程度的改善。

（1）棉织物：棉织物优点是质地柔软、皮肤触感好、吸湿性强、透气性好、不起静电、结实耐用、使用范围广泛，缺点是耐酸性差、易缩水、易掉色、易褶皱，多次洗涤后会变硬，保养不当易发霉。棉织物性格质朴，色泽柔和含蓄，是最常穿的织物，多用于制作衬衫、T恤、内衣、家居服和一些日常休闲装，适合任何季节穿着。棉织物给人随和、温柔、平实、易于亲近的印象（图 1-1）。

（2）麻织物：麻织物优点是吸湿、散湿快，透气性佳，质地坚固，光泽柔和，有较好的抗菌防霉功效，耐碱性不如棉织物，耐酸性比棉

图1-2 麻织物制成的服装

图1-3 丝织物制成的服装

织物强，水洗柔软、污垢易除、导热速度快，在炎热的夏季穿着麻类服装时干爽吸汗、具有清爽感，缺点是弹性差、容易褪色、易褶皱，皱了以后很难熨烫平整。麻织物的性格较温和、自然，多用于制作休闲衬衫、外套、裙子等服装，表现出随性、率真的特质，是文艺青年的挚爱（图1-2）。

（3）丝织物：丝分桑蚕丝和柞蚕丝。虽然二者都属于高级纺织原料，但桑蚕是家养的，柞蚕是野生的。桑蚕所结的茧，多呈晶莹剔透的白色；柞蚕茧却以深褐色、灰青色居多；相比之下桑蚕丝丝质更柔软、细腻，光泽度也更自然。丝织物的优点是质感柔软，肌肤触感亲和，舒适滑润，光泽柔和，有良好的悬垂感，

冬暖夏凉，吸湿性能较好，耐酸不耐碱。洗涤时应选择弱碱性洗涤剂，最好选用市面上出售的丝毛洗涤剂洗涤。缺点是容易缩水、易皱、易沾油污，不耐酸，丝织物受到汗水侵蚀后，容易泛黄且会出现黄斑，耐光性较差，日照会使其色泽变黄，显旧。

丝织物多用于制作高档睡衣、裙子、旗袍、礼服衬衫和晚礼服（图1-3）。真丝经历过"丝绸之路"的辉煌历史，被渲染成为"天国的衣料"而具有传奇色彩，总是被贴上华丽、珍贵、高雅的标签。丝织物确实较难打理，不建议只图省事、习惯将脏衣服脱下来直接扔洗衣机的人群穿用丝织物制成的服装。

（4）毛织物：动物毛纤维用作服装面料的

有绵羊毛、山羊绒、骆驼绒、驼羊毛、兔毛，最为常用的是绵羊毛，一般称羊毛。天然毛纤维具有的优点是压缩弹性和拉伸弹性都很好，光泽柔和，不易沾污，吸湿性强，透气性好，手感丰满，光泽含蓄自然，不易起皱，保暖性强，缺点是易起毛球，易缩水，易被虫蛀，易霉变。日常保养存放时要注意防虫和防潮。毛织物亦具有耐酸不耐碱的特性，洗涤时，应采用弱碱性洗涤剂，即市面上出售的丝毛洗涤剂。当然，绵羊的品种、羊群的生长饲养条件对于羊毛品质有很大影响。在羊毛中，以澳大利亚美利奴羊毛毛质最为优良。另外，生长在高寒山区的山羊，其细软的羊绒保暖性特别好，柔软轻薄，是珍贵的纺织纤维，被誉为"纤维钻石""纤维之冠""软黄金"。

兔毛具有轻、软、暖、吸湿性好等特点，但是兔毛抱合力差且强度较低，单纺纱有一定的难度，因此，兔毛通常要和羊毛或其他纤维混纺。兔毛绒较长，较蓬松，易掉毛，含有兔毛的毛衣冬天搭配毛呢大衣穿时，脱落的兔毛很容易黏附在毛呢大衣上。

毛织物多用来制作毛衣、冬天的外套、连衣裙、腰裙以及春秋季开衫的服装（图1-4），优质的毛织物还可以制成贴身内衣。

（5）裘皮和皮革：带毛鞣制而成的动物皮毛称为裘皮；经过加工处理成的光面皮板或绒面皮板则称为皮革。毛皮是优良的御寒材料，具有保暖、轻便、耐用、防风性好等优点，缺点是易受潮、易霉变、易受虫蛀，较难打理。日常保养存放时，要注意防虫和防潮，梅雨天不建议穿，不可暴晒，暴晒易导致皮板老化。皮毛华丽高贵，是高档服装的常用材料之一

图1-4　毛织物制成的服装

图1-5　裘皮

图1-6　皮革

（图1-5、图1-6）。不同的动物毛皮因其获取的难易程度、制作工艺不同而高低有别。除了极寒地区，现代人对皮革、毛皮附加、衍生含义的追捧，远远超过对其实用性的需求。回顾皮毛服装演变发展的历史，人们对其态度的变化，正是社会文明日益发展并不断反思的缩影。

面料有其独特的个性，也有在人们心目中难以摆脱的固定印象，在天然面料方面体现得尤为明显，相信大家也深有体会。有意识地兼顾主客观需要，根据面料自身的特性选取，才能充分发挥其优势，挖掘出新的可能性。

2. 化学纤维面料

化学纤维可分为再生纤维和合成纤维两大类。

（1）再生纤维织物：再生纤维是将天然纤维原料，经过适当的化学处理，使之能进行纺织加工的纤维，在我国也常被称为人造纤维。常见面料有黏胶纤维（冰丝）织物、天丝、莫代尔等。

A. 黏胶纤维（冰丝）织物：黏胶纤维（冰丝）从天然原料棉短纤、纸浆、木材或芦苇中提炼而得，具有类似天然纤维棉和亚麻的特性，优点是吸湿、透气，具有很好的悬垂性和舒适性，染色性好，色牢度也较好，缺点是强度较低，湿态状态下强度更低，易褶皱。针织组织结构的黏胶纤维面料易勾丝，摩擦易起球。

B. 天丝纤维织物：天丝纤维是由针叶树为主的木制纸浆纤维素加工而成，是最典型的绿色环保纤维。天丝纤维在泥土中能完全分解，因此被称为"绿色纤维"。因其在生产过程中无环境污染，堪称"21世纪的新纤维"。天丝纤维织物具有良好的吸湿性、舒适性、悬垂性和硬挺度，光滑凉爽且染色性好，耐穿耐用，加之又能与棉、毛、麻、腈、涤等纤维混纺，适合作为休闲外衣、毛衣、针织服装的原料。

C. 莫代尔纤维织物：莫代尔纤维织物原料来源于大自然的木材，使用后可以自然降解，优点是具有很好的柔软性、舒适性以及优良的吸湿性，染色后色泽鲜艳，缺点是挺括性差。大多用作内衣服装的原料。

D. 醋酯纤维织物：与黏胶纤维相同，醋酯纤维也是从棉短纤或纸浆中提炼生产而得，其特性是吸湿性低，具有较好的光泽感、悬垂性和热定型性（热可塑性）。醋酸纤维是制作泳装和风雨衣的上好材料；又因其拥有光泽较好、悬垂性佳等特点，也可用作表面有奢华感的面料（如天鹅绒、织锦和绉绸等）。

（2）合成纤维织物：合成纤维是将人工合成的、具有适宜分子量并具有可溶（或可熔）性的线型聚合物，经纺丝成形和后期处理而制得的化学纤维，如锦纶、腈纶、涤纶、氨纶等。合成纤维的原料是由人工合成方法制得的，除了具有化学纤维的一般优越性能，如强度高、质轻、易洗快干、弹性好、不怕霉蛀，不同品种的合成纤维各具有某些独特的性能。

图 1-7　化学纤维面料制成的服装

另外，还有 PVC 涂层面料、人造革、人造毛都属于化纤面料。

化学纤维面料（图 1-7）的优点是结实、成型感较好、不容易皱、色彩丰富，缺点是不透气、抗熔性差，接触到烟灰、火星立即形成洞孔。在干燥的天气环境下，面料与身体摩擦容易产生静电，贴附在身上影响美观。秋冬季节脱下化纤衣服时，头发会被静电吸成冲天乱发，还会冒出噼里啪啦的火星。

3. 混纺面料

混纺面料是化学纤维与棉、羊毛、桑蚕丝、苎麻等天然纤维混合纺纱织成的织物，例如涤/棉布、涤/毛花呢等。比如涤/毛混纺物，就是采用 30%~40% 涤纶和 60%~70% 的羊毛纤维纺织而成的产品，俗称毛/涤，既突出了羊毛织物的风格，又有涤纶的特点，其优势体现在尺寸稳定，缩水率小，具有挺括、不易皱褶、易洗、快干的特点。在织物中加入少量（3%~7%）的氨纶（莱卡），面料会将变得富有弹性，运动拉伸后会具有很好的回复性。

天然纤维织物透气性强，舒适度较好，其普遍缺点是容易起皱；化学纤维织物的舒适度和透气性不及天然织物，但不容易起皱。二者混纺的面料兼具二者的特性和优点，在现代服装中被广泛采用。

（二）常见面料的纺织工艺分类

1. 梭织面料

梭织面料由互相垂直排列的经线和纬线两个系统的纱线相互交错织制而成。从制造工艺上又可以分为斜纹、平纹、缎纹。梭织面料是一种较为常用的服装材料。梭织面料坚实耐用，布面平整、外观挺括，但弹性较弱（与氨纶混纺的面料除外）。因此，梭织面料不适合做紧身贴体的服装，用梭织面料做成的衣服需要在裁剪缝制时留有一定的松量，否则穿上后活动不方便（图1-8）。

2. 针织面料

针织面料将纱线绕成圈，并依次串套纺织而成，就像织毛衣，由一根线通过不同针法穿织到底。针织面料按原料种类分类可分为棉织物、羊毛织物、桑蚕丝织物、混纺织物等。针织物的优点是富有弹性、延伸性，面料手感柔软，透气性较好，有一定的悬垂感，缺点是保形性和挺括性欠佳。劣质的针织材质容易变形勾丝，导致衣服越穿越大，勾出的洞也会越拉越大，难以缝补。由于针织面料所具有的柔软度和舒适性，近年来颇受消费者欢迎，已经从以前只用来制作内衣、袜类、手套、围巾、帽子、T恤、毛衫，发展到各种服装类别都可用针织面料制作，如休闲西装外套、外衣、裤子、裙子、大衣等（图1-9）。

图1-8 梭织面料制成的服装

图1-9 针织面料制成的服装

值得一提的是，针织面料与梭织面料只是织造方法不同，如按原料进行分类，二者是一样的。

（三）常见面料的档次分类

常见面料的档次分类可分为低档面料、普通面料、中档面料、高档面料和顶级面料。

（1）低档面料：普通化学纤维织物。

（2）普通面料：一般的棉、麻织物（图1-10）。

（3）中档面料：氨纶（莱卡）、天丝等中级化学纤维面料，以及天然纤维和化学纤维混纺的面料，柞蚕丝织物、长绒棉、普通皮质等。

（4）高档面料：羊毛织物、桑蚕丝织物，小牛皮、小羊皮等优质皮料，狐狸皮等普通皮草（图1-11）。

（5）顶级面料：羊绒织物、羊驼毛织物、重磅桑蚕丝、珍贵皮质、貂皮等高级皮草。

一般情况下，同种或相近材质的面料，越

图1-10　普通面料

图1-11　高档面料

轻越好，比如好的羊绒要比羊毛轻而且保暖。面料太重穿在身上会有压迫感，尤其是上了年纪的人，穿着较轻的面料能减轻身体的负重，提升着装舒适度，便于活动。

服装面料的品质是决定服装档次的重要因素，但也有一般面料的服装比优质面料的服装卖得昂贵的情况，因为除了面料，决定服装价格的因素还有品牌知名度、设计水准以及购买场所等。然而，在奢侈品行业，纯天然面料或者新型高科技材料是登上大雅之堂的首选。只有一种情况例外：一件衣服出现两种以上不同性能的材质。比如真丝和针织物的拼接，这两类面料都不算高档，但真丝没有弹性，而针织物伸缩性强，二者的物理特性、气质完全不同，要把二者创造性地调和在一起，并且拼接好，需要高超的设计水准和精湛的制作工艺才能完成。如图1-12中真丝和皮革拼接，真丝轻薄柔软，皮革厚而硬挺，两种不同性质的面料在一件服装里同时使用，需要高超的工艺手段才能使裁片不变形、缝合之处针迹平整。而在使用格子、条纹等图案时，高品质的服装会将格子、条纹对得很整齐（图1-13、图1-14）。对不齐格子、条纹的服装，其品质感、档次不会很高。

也许有些人会认为，有钱不怕买不到好衣服。试想，若遇到一些不良服装店以次充好，将普通服装贴上名牌服装标签，抓住社会上一些土豪"不买对的，只买贵的"的心态，把普通服装标上天价出售，使消费者花费高档服装的价钱却只购入低档服装，如此购买，不但物

图1-12 真丝和皮革拼接

图1-13 对齐格子图案的服装

图1-14 对齐条纹图案的服装

非所值，还会被懂行的人笑话。学习面料知识，能正确地审视服装的价格，花费最合理的价钱，收到最大的投资回报，理性消费。

　　面料不像造型和色彩那么直观，必须通过触摸才能感受到它的优与劣，真正对服装品质有要求的人通常不会盲目网购服装（除非是在实体店试穿确定后再到该品牌官网购买），因为网上通常只能看到服装的基本款式和色彩，其面料的质感和版型的优劣（以下有关"版型"的章节将会详细讲解）无法通过触摸和试穿感知，从而难以分辨。有的人一时兴起，或是贪图网购服装便宜，拿到手后才发现和想象的质感效果差之千里；又或是网络图片看着漂亮，但购回后根本不适合自己，于是只能退货或是束之高阁，甚至将其扔掉，既浪费了时间，又浪费了金钱。这已经是十分常见的情形，正所谓卖家秀和买家秀的区别。网络购物虽有其便捷之处，却难以避免盲目和过度消费。许多过分追求拍摄美感的服装很可能并不符合生活便利、人体结构及舒适需求，一些快消款式服装的设计更是经受不住时间考验，不假时日就会被时尚浪潮抛弃，人们喜新厌旧的情绪自然也就随之出现了。与其花便宜的价钱买回一堆无用的东西，不如花些心思在辨别服装的档次和价值上，通过试穿购回合适得体、称心如意，甚至是经久不衰的服装。要知道唯有经过试穿，才能真正体验到服装的品质感和版型的合体度，加之已经掌握的面料相关基础知识，相信您已经能开始做出判断了。

　　纺织工业科技日新月异，高科技面料不断推陈出新，面料的种类繁多，无法在此一一列举。对面料知识的掌握除了读书学习，还需要日常多观察、常积累。通常正规品牌会在每件衣服的标签上注明该服装各个部位的材料名称和成分，平时逛街多留意，看多了，触摸多了，加上穿着过后的感受和积累，就能基本明确各种面料特性，分辨各种面料的优与劣。但也有部分不良商家，标注虚假的面料成分，这就需要依靠品牌的信誉度和消费者的慧眼识别了。

　　对于面料，不知情是被动的，选择利用是主动的，学会理解和更新就是改变，这时候您已经向美化形象和追求高品质的生活迈出可喜的第一步了。

二、认知"型"

"型"是指占有一定的空间、构成美感的形象,是人用视觉来欣赏的一种艺术形态。视觉感知到的物体是有"型"的,如这个皮包是方的,那个耳环是圆的,那件衣服是收腰的等。不同的型让人产生不一样的联想:笔直挺拔的松柏让人感觉庄严肃穆;随风摇曳的杨柳让人感觉娇柔妩媚;长满尖刺的仙人掌让人感觉不

可亲近。这是不同植物的"型"带来的不同的观感效果,不同的面料制成不同"型"的服装也会带来不同的观感效果。

如图1–15,同一个人穿上不同的服装产生不同的视觉效果。上装有宽有窄、有松有紧,下装有裙有裤、有长有短,材质有轻薄有厚重、有垂感有挺括……形态各异,穿着方式各有不

图 1–15 不同视觉效果的服装

同，给人的视觉感受也各不相同，或体现出硬朗，或体现出柔美……这些都是不同面料经过裁剪，产生不同的"型"体现出来的特征。人们对于"型"的理解多半通过其表面的线条和体积呈现。

认知"型"要从以下三个要素着手：轮廓、量感、比例。

（一）轮廓

轮廓由物体的外轮廓线和内部结构线两方面构成。在设计美学中，线是点移动的轨迹，线具有位置、方向和长度，与点强调位置及聚焦不同，线更强调方向与外形，不同的线形具有不同的特征。

1. 轮廓的分类

轮廓可分为直线型、曲线型、中间型。值得注意的是，直和曲是一个相对的概念，需要通过对比得出。

（1）直线型：如图1-16的汽车、图1-17的沙发，它们的轮廓均由直线构成，都属于直

图 1-16 直线型轮廓的汽车

图 1-17 直线型轮廓的沙发

线型的物体。如果用人和物相互匹配，看到这辆汽车，大家觉得什么人开比较合适？人多数人会认为，风格硬朗的人开这辆车比较合适。为什么大多数人会不约而同地想到这样的搭配？毋庸置疑，风格硬朗的个人形象和这辆车的造型搭配在一起是相匹配的，非常和谐。

直线型物体带给人的风格感受：阳刚、直率、直接、硬朗、端正、干练、严谨，相对稳定，富于力量感。

粗直线：力感强，沉重、霸气和粗笨。

细直线：秀气、敏锐、灵动和纤细。

（2）中间型：如图 1-18 的汽车、图 1-19 的沙发，它们的轮廓处于直线与曲线之间，曲中带直，直中带曲；刚中带柔，柔中带刚，刚柔并济。拥有直与曲二者共同的视觉感受。

（3）曲线型：如图 1-20 的汽车、图 1-21 的沙发，它们的轮廓均由波浪状曲线构成，都属于曲线型的物体。如果用人和物来相互匹配，看到这辆汽车，大家觉得什么人开比较合适？大多数人会认为，温文尔雅、文质彬彬、比较

图 1-18　中间型轮廓的汽车

图 1-19　中间型轮廓的沙发

俊秀的男性开合适；或者那种温柔、妩媚，具有浪漫气质的女性开适合。为什么大多数人又会不约而同地想到这样的搭配？正如前述，这类形象和这辆车呈现出来的曲线型风格是非常和谐的，因为物体的型和这类人的风格是相匹配的，都给人一种儒雅、柔美的感觉。

曲线型带给人的风格感受：较直线更具温暖的感情性格，儒雅、柔美、圆润、秀气、浪漫、优雅、温婉。

大曲线：浪漫、妩媚、经典、奢华、成熟感。
小曲线：可爱、秀美、温柔、年轻化。

2. 识别服饰"型"的轮廓与比例

将上面所学的"型"及关于直线与曲线的知识，结合面料知识，再用于认知服装"型"上，会发现同样的道理。线条有型，面料有型，制成的服装更有型，可以从轮廓、长宽、上下装的比例构成上对服装款型进行更为全面的了解。

图 1-20　曲线型轮廓的汽车

图 1-21　曲线型轮廓的沙发

图 1-22 直线型服装

（1）服装的轮廓：服装的轮廓是描述服装特征的重要内容，是穿着者的身体着装后所形成衣服全面积的线条，也就是"服装的外形"。服装轮廓线及领子、袖子、肩线、衣片、下摆、门襟等基本要素组成了服装的基本款式，将轮廓、量感、比例等共同因素组合在一起形成了服装的风格类型。了解这些基本构成要素，有助于更好地理解服装、读懂服装，便于选购服装时将全身风格统一，并作为选择适合衣装的依据。

服装有直线型、曲线型，也有介乎于直与曲之间的中间型。

A. 直线型服装：直线型服装多为 H 型、A 型等不收腰的款式，服装线型挺拔、简洁、有力量，强调块面感，直线居多，弧线较少，如直筒裤、方型大衣、夹克、百褶裙等，常伴有拉链、西服领、直线型分割线等局部；装饰不多，零部件比较隐蔽或平整；材料或厚实，或硬挺、挺括（图 1-22）。

B．介乎于直线型和曲线型之间的中间型服装：中间型服装无明显的直线或曲线特征，有一定的装饰，材料软硬适中（图 1–23）。

图 1–23　中间型服装

C. 曲线型服装：I 型、X 型等强调胸、腰、臀曲线的款式，线形流畅或柔软多变；常有荷叶边、蝴蝶结、弧型分割线等局部；装饰唯美浪漫，具女性气质；材料或轻薄，或柔软，或富有弹性（图 1-24）。

图 1-24　曲线型服装

图 1-25　直线型面料

图 1-26　中间型面料

　　鉴别服装的直与曲，应将其裁剪方式和局部装饰以及图案综合考虑。服装的轮廓是最能体现时尚与流行的元素之一，影响廓形流行的主要因素有腰围、边摆等处的大小或位置；肩部的宽窄及肩线的位置；服装前后的厚度；分割线、省道、褶裥的形状或方向；所选用的面料材质等。有的朋友说，每年流行的服装除了色彩变化，款式好像都没有什么变化。其实只要从上述几个方面认真观察，把上一年的和本年的相近款式做个比较，就不难发现其变化。

　　（2）服装面料与型的关系：服装面料是塑型的关键。

　　A. 直线型服装面料：硬挺、挺括、有力量感的，如 PVC 涂层、皮革、牛仔等（图 1-25）。

　　B. 中间型服装面料：棉、麻、羊毛和部分化学纤维面料（图 1-26）。

　　C. 曲线型服装面料：柔软、有垂感的，

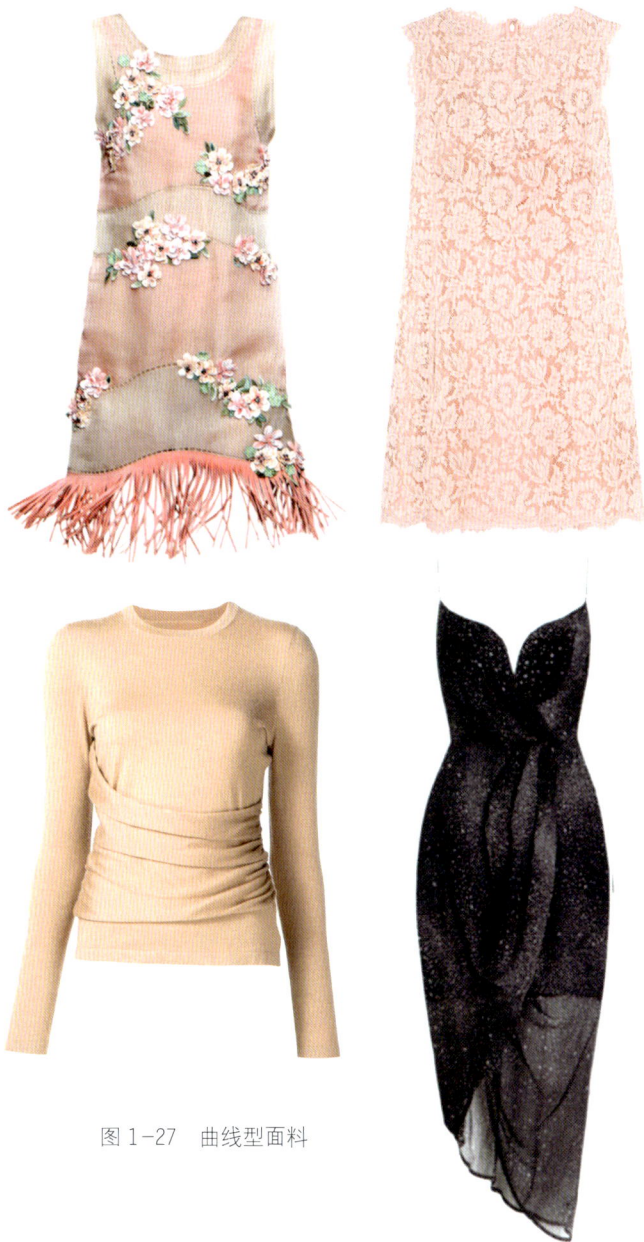

图 1-27 曲线型面料

（俗称裁剪）出来的服装成品，将可能呈现出两种不同的视觉结果，这就是版型效果的区别。

所谓服装版型，就是服装成品穿在人身上所呈现的状态，它包含了服装外轮廓线、内部分割线的流畅程度、服装各部位间的比例关系以及穿在人身上的合体性和舒适度。同样的款式，好版型能起到修饰体形的作用，让身材变得更好，而不好的版型则会让原本好的身材也变得不完美。许多冒牌货，晃眼一看，款式相同，但真正穿上身，其与人体和谐度的好与不好、美与不美便会一目了然。

一件优质的服装，必定是好的设计，配以上佳的版型，再加上优质的面料以及缝制工艺，它们之间的关系相辅相成，互相依存。

平时看到有些人穿的衣服，远看效果还不错，但近距离细看，就会发现衣服或左右长短不一，或中线歪斜，或领子左右不对称，或口袋一边高一边低，或裙子两边打的褶不一致，或缝合处的线迹歪歪扭扭，或衣袖松紧不一，或线头外露，这些都是由于服装裁剪和缝制工艺太差导致品质出现问题。要鉴别服装的品质，除了面料、轮廓造型，其版型、缝制工艺也非常重要。因此，选购服装除了款式、色彩，更要留意版型的合体性、舒适性以及服装细节部位的比例及缝制工艺。通过多去试穿品质好的衣服，将品质好的服装与品质差的服装做比较，以分辨服装质量的好坏，才能慢慢养成良好的穿衣品位。

如图 1-28，虽然为款式相似的服装，但是无论面料、版型，还是制作工艺都相距甚远。

如纱、雪纺、薄针织、丝绸、蕾丝、羊绒、开司米等（图 1-27）。

（3）服装的比例、版型与缝制工艺

如果将一款设计好的服装图样，交给两个专业水平不一样的服装版型师进行版型制作它们之间的区别在于衣身与袖子、领子的比例关系；服装轮廓线条的流畅性，腰部位置和腰线的美观性；门襟、口袋处车缝线迹的平整性；面料质地和整件衣服的挺括度。很明显第（1）（2）款在这几项上都逊色第（3）（4）款太多。

尤其是第（1）款，作为双排扣，两排扣子之间应为服装中线，但实际上中线明显偏离；门襟、分割线、边摆等处的车缝线迹也不平整。

（4）配饰的轮廓：配饰包括帽子、围巾、发饰、耳环、项链、胸饰、手镯、手链、包、

（1）

（2）

（3）

（4）

图1-28　相近款式版型优劣的对比

鞋子、袜子等。配饰之于服装，起着画龙点睛的作用。一件精致的配饰能让一身普通的服装化腐朽为神奇，由普通变为特别。在所有配饰中，尤以鞋子和包包较为重要。配饰的风格取决于服装的风格，通常先买服装，再购配饰。

先穿上服装，再选戴配饰，依此顺序不颠倒，服装与配饰的组合才会相得益彰。图 1-29 为直线型配饰示例，图 1-30 为介于直线型与曲线型之间的中间型配饰示例，图 1-31 为曲线型配饰示例。

图 1-29　直线型配饰

图 1-30　介于直线型和曲线型之间的中间型配饰

图 1-31　曲线型配饰

（5）图案的轮廓：图案在服饰中，起装饰、美化的作用。有些人喜爱图案，便把各种不同的图案一股脑往身上堆，殊不知，图案同样有型，同样有风格特征，搭配在一起要讲究方法。走在大街上，常看到有人穿着格子裤，却戴着豹纹围巾；或是内穿一件大花的衬衫，外穿一件条纹外套，一身出现好几处不同图案装饰，如此混乱糟糕的"混搭"现象比比皆是。除非穿着者是一位对图案风格和时尚了如指掌的装扮高手，有非凡的功力，抑或是大师之作的一套服装中有好几种不同图案的拼接，能将各种不同风格的异质图案元素运用某种艺术表现形式使之交融共生，否则请不要轻易尝试一身上下出现多处图案的搭配。

常见的图案有格子、条纹、波点（圆点）、花卉、几何形、字母、动物纹、佩兹利纹样（火腿纹）、波普艺术图案、抽象图案等。这些图案风格各异，各有美感，很多图案背后往往还有典故，又或是代表了某种特定的风格。

图案从广义上可以分为直线型图案、介于直线型和曲线型之间的中间型图案、曲线型图案。

A. 直线型图案：格子、条纹、几何形（图1-32）。

B. 中间型图案：动物纹、字母、波普艺术图案、抽象图案（图1-33）。

C. 曲线型图案：波点（圆点）、花卉、波纹线、佩兹利纹样（图1-34）。

图 1-32　直线型图案

图 1-33　中间型图案

图 1-34　曲线型图案

（二）量感

与"轮廓"相比，"量感"这个词对大多数人而言比较陌生。单纯从字面上理解，量感即重量感、分量感。从专业角度看，"量感"指的是物体的存在感，是物体的大小、轻重、粗细、厚薄等指标的综合体，它会受物体的色彩、材质、体积等综合因素影响。

1. 量感的分类

量感可以分为三大类：重的量感、适中的量感、轻的量感。

（1）重的量感：存在感和视觉冲击力强，很醒目，在一定空间中占有很大比重，或者称为量感大的物体，如图1-35（1）。

（2）适中的量感：介于重的量感和轻的量感二者之间的中间值，如图1-35（2）。

（3）轻的量感：存在感和视觉冲击力弱，给人纤细、柔弱、轻巧的感觉。在一定空间中所占比重较小，或者称为量感小的物体，如图1-35（3）。

（1）   （2）   （3）

图1-35 量感的比较

2. 认识服饰"型"的量感

线条有粗有细，材质也有厚有薄、有重有轻，材质表面的触觉肌理效果有凹凸与平滑、柔顺与粗糙之别。服装量感主要通过面料质地、装饰手段、图案特征来体现，重或轻的量感能引起人对服装的不同观感。

（1）服装的量感：服装的量感有重量感、适中量感和轻量感。

A. 重量感的服装：服装的领、袖及零部件、局部设计夸张；外轮廓增大或变化多端，线型曲折多变，节奏感强；强调对比因素，无固定型，分割线或复杂或独特；装饰繁复而琐碎，硬性材料和高科技材料居多，或采用多种材料组合，或表面肌理效果粗糙（图1-36）。

图 1-36　重量感的服装

　　B．适中量感的服装：线型柔和，设计中心趣味盎然，内部结构造型有装饰感，零部件和局部常带有一定装饰性但并不张扬，面料厚薄适中（图1-37）。

图 1-37　适中量感的服装

C. 轻量感的服装：线型流畅，自然平实，以常规廓型居多；结构合体，分割变化较少，平面感造型；零部件较少，对比弱；以常见的、较平实的面料为主（图1-38）。

图1-38　轻量感的服装

（2）面料的量感：面料的量感，可从外观、成分、质地、触摸感、厚薄等方面区分。由于材料表面的组织结构不同，会形成不同的肌理效果，或粗糙，或光滑，或平整。

A. 重量感的面料：厚重、表面肌理效果粗糙或凹凸不平，如牛仔布、毛呢、皮革、毛皮等（图1-39）。

图 1-39　重量感的面料制作的服装

B. 适中量感的面料：介于凹凸与平滑、粗糙与柔顺之间，如棉、麻、针织、磨砂皮等（图1-40）。

C. 轻量感的面料：轻薄，表面相对比较平滑、柔顺，如真丝、纱、开司米、薄针织等（图1-41）。

图1-40 适中量感的面料制作的服装

图1-41 轻量感的面料制作的服装

鉴别服装量感的重与轻，除了设计和面料，还要看其局部装饰，设计感强、装饰多、造型奇特夸张的，如铆钉、金属链、金属扣等属于重量感的装饰；设计感隐蔽、装饰少、造型常规，小装饰则属于轻量感的装饰。

（3）配饰的量感：配饰量感的轻重同样与其设计是否夸张和材质的重量有关。与服装搭配时应该注意二者之间量感的和谐，如把一大串石头或金属项链与薄纱裙搭配，薄纱裙会被石头或金属项链压得变形，完全喘不过气来；而把一件皮草大衣与小碎花的包包搭配显然也不合适。

A. 重量感的配饰：设计感强、造型夸张或复杂多变，石头或金属等质地较重的材质，有大型动物图案、几何造型装饰等，属于重量感的配饰（图1-42）。

B. 适中量感的配饰：造型适中，有一定的设计感，含有多种材质等，属于适中量感的配饰（图1-43）。

图1-42 重量感的配饰

图1-43 适中量感的配饰

C. 轻量感的配饰：造型小巧、可爱，少女风格，小花边，细碎珠珠，有小猫小狗的装饰图案等，属于轻量感的配饰（图1-44）。

图1-44　轻量感的配饰

（4）图案的量感：图案量感的轻重与其图案轮廓大小、图案的风格内容和色彩的对比度等因素有关系。

A. 重量感的图案：粗格子、粗条纹、大几何形、大波点、大型花卉、动物皮纹、波普艺术图案等大型、对比强烈的图案（图1-45）。

图 1-45　重量感的图案的服装

B．适中量感的图案：中格子、中条纹、中波点、中型花卉，介于重量感和轻量感之间、对比一般的图案（图1-46）。

图1-46　适中量感的图案的服装

C. 轻量感的图案：细格子、细条纹、小波点、小碎花等小型、对比较弱的图案（图1-47）。

图1-47 轻量感的图案的服装

需要注意的是，量感的重与轻是相对的，和服饰整体呈现的效果有关，与服装上的装饰和设计有关，与穿多穿少没有关系。比如一件背心用蕾丝或轻盈的蝴蝶结做装饰，而另一件用铆钉、金属链做装饰，则前者量感轻，后者量感重。对于视觉要素之一的图案，也同样有量感轻重的区分，如圆点图案中的大圆点就属于重量感的图案。如果重量感的人穿轻量感的图案，会显得头重身子轻，同样，轻量感的人也无法驾驭重量感的图案。

（三）比例

"比例"是指物体中的分割比例、长与宽的比例，它常与量感、轮廓一起综合考虑。在比例分配中最具审美意义的莫过于被举世公认的古希腊数学家毕达哥拉斯所发现的黄金分割比例，即将一个整体分为两个部分，较大部分与较小部分之比等于整体与较大部分之比，其比值约为 1：0.618。黄金分割比例应用在生活中，尤其应用在穿衣打扮中有神奇的魔力。在"型"的几大构成要素中，需综合看待整体的和谐、比例的协调，所呈现的视觉效果方能称得上是一种完整的美。黄金分割比例作为一种重要的形式美法则，成为审美经典的规律。利用比例变化，对人的身体各部位着装后的状态进行合理调整，以达到美化形体的作用。

三、认知人体的"型"

就算是明星或专业模特，也会对自己的身材或长相不满意。世上对自己的身材完全满意的人少之又少，总有三围曲线不标准、肩膀太窄、头太大、脖子太粗、腿太短、腰太长等"问题"。有的人无限放大自身形体的不足，每天纠结于与媒体宣传或时尚杂志中专业模特的完美身材相比的差距，痛苦得无法自拔。对外形身材有特殊要求的行业也罢，普通大众也罢，总有人琢磨着要去接骨、垫臀、丰胸、抽脂，失败的案例层出不穷，有的人留下终生残疾，还有的人甚至失去了生命。为了某种标准而盲目追求的极端事例不少，决定去冒这样的风险之前应该先综合考量其危险和收效。其实，人人心目中都有一个理想的"超我"，从外在的角度来看，对自己不满意是普遍的，但这并不应该成为痛苦或为之羞耻的缘由。相反，对待不满意不应该是敌视、甚至强硬地去改变，而应该找出相应的方法，在接纳的基础上学会欣赏。"大禹治水，疏而不堵"才会良性循环。与其纠结自身的不完美，不如正视和接受不完美的事实，清楚地认知自己的身材，理性地看待社会媒体或商品广告对某种审美标准的鼓吹，肯定自己的长处和美好。不要总是盯着自身的不完美并将之无限放大，因为每个人身上，总有一些地方是值得骄傲的。每个人来到这世上，都是独一无二的个体，都有属于自己独特的个性美。美丽，从正视自己身体的那一刻开始。

健康而正确的装扮态度应建立在悦纳自己身体的基础上。尝试重新审视自己的形体特征，知道自己的优势与劣势，克服自卑，学会利用服装扬长避短，就会拥有属于自己的着装风格。要从审美的角度清晰认识人体，并找出人体与服装的和谐之处，可以从人体三要素着手。人体三要素包括身材、相貌、肤色（肤色部分将在下文有关"色彩"的章节详细讲述）。

（一）认知身材

物有轮廓、量感和比例，人的身材由躯干和四肢组成，同样也有轮廓、量感和比例。

1. 人体轮廓

透过镜子，能将自己身材最真实的一面反映出来：从正面、侧面等不同角度看清楚身材的轮廓线，是三围凹凸有致、前凸后翘型，还是三围曲线不明显型？是身材健硕、肌肉结实，还是大腹便便、肌肉松弛？找出自己的身材比例，是上半身长下半身短，还是上半身短下半身长？最后细看各个部位，如脖子的长短、肩膀的宽窄、腿的粗细与标准身材之间存在的差异。

（1）直线型身材：女性表现为胸、腰、臀三围曲线不明显，给人一种硬朗或是干练的感觉；男性表现为阳刚、威猛、富有男人味，肌肉特征明显、身材健硕。如图 1-48（1）（2）。

（2）中间型身材：介于直线与曲线之间的身材。如图 1-48（3）（4）。

（3）曲线型身材：女性表现为胸、腰、臀三围曲线明显，身材圆润、凹凸有致；男性表现为肌肉线条不明显，身材较平和，瘦弱或是偏胖。如图 1-48（5）（6）。

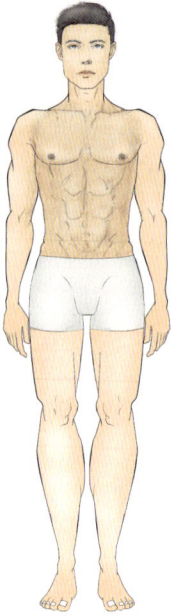
直线型（1）

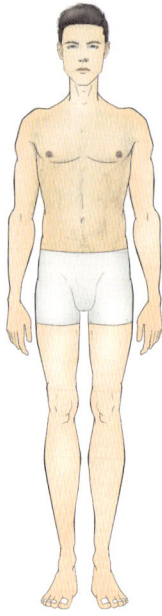
中间型（3）

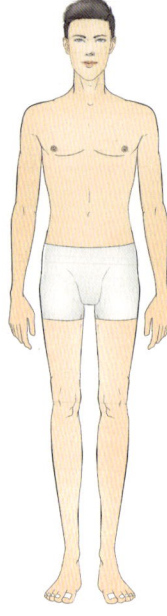
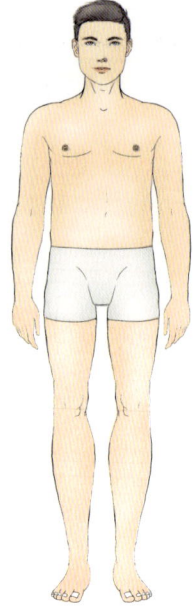
曲线型（5）

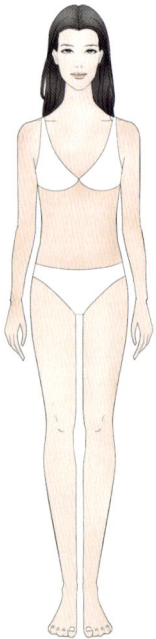
直线型（2）

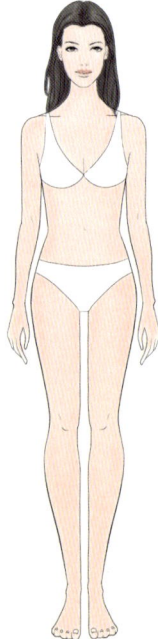
中间型（4）

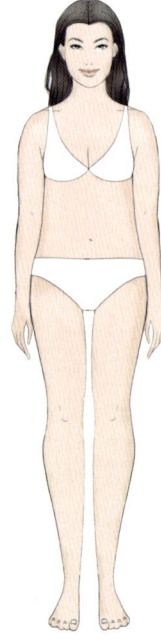
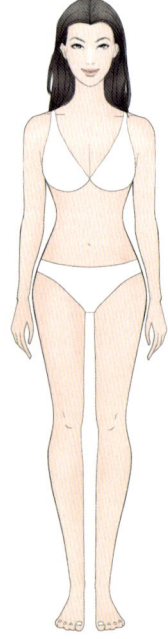
曲线型（6）

图 1-48　身材线型

2. 人体量感

（1）重量感的身材：骨架大、身材较高、体重较重、身材魁梧。如图1-49（1）（2）。

（2）中量感的身材：介于重与轻之间的身材。如图1-49（3）（4）。

（3）轻量感的身材：较矮小、体重较轻，小巧玲珑，相对来说偏纤瘦的身材。如图1-49（5）（6）。

重量感（1）

中量感（3）

小量感（5）

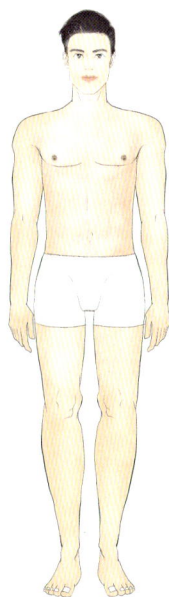

重量感（2）

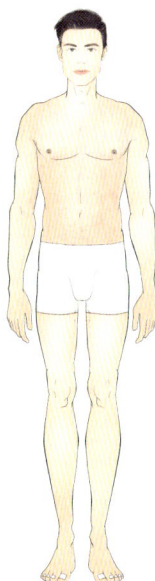

中量感（4）

小量感（6）

图1-49　人体量感

3. 人体比例

一般认为，最美的人体比例当属黄金分割，即身高以肚脐为界，头顶至肚脐上半身为1，肚脐眼至足底为1.618，相当于上5下8的比例。也可以用头高作为比例，即身高是7.5个头高是最为标准的身材。

（1）胸围：由腋下沿胸部上方最丰满处测量胸围，胸围应为0.5个身高左右。

（2）腰围：在正常情况下，应量腰的最细部位。腰围较胸围小20厘米左右。

（3）臀围：在体前耻骨平行于臀部最大部位测量臀围。臀围较胸围大4厘米左右。

（4）肩宽：两肩峰之间的距离。肩宽约为胸围的一半减4厘米。

（5）骨骼：美在于匀称、适度，即站立时头颈、躯干和脚的纵轴在同一垂直线上，且各部位左右对称；肩稍宽，头、躯干、四肢的比例以及头、颈、胸的连接适度。

（6）肌肉：肌肉美在于富有弹性和协调，肩、臀、胸部过胖或过瘦，以及由于某种原因造成的身体某部分肌肉过于发达或瘦弱、松弛，都不能称为肌肉美。

以上的人体数据为较佳值。节食可以变瘦，但并不能达到最佳的比例，消瘦的同时很难再保持肌肉的弹性，所以不要太苛求自己的身材能像超级名模般完美，只要看上去不太胖，并且比例在合理的范围内，就不必太过介意。

在选美比赛或者模特比赛中，有的参赛选手在台下看着非常漂亮，但上了台以后就很难找到他/她，甚至最后他/她可能都没得到一个理想的名次和奖项。这是因为参加比赛时，重量感的人比较有优势，舞台上通过化妆来强化，能够更好地吸引评委和观众的眼球。模特如此，演员亦如此。在舞台上，重量感的人会"压台"，能"众里寻他千百度，那人就在舞台深处"。这就是为什么登上舞台要通过化浓妆来获得更好的视觉效果的原因，化妆可以提高人的五官轮廓的对比度，让暗部更暗，亮部更亮，加强对比度，让人显得更加神采奕奕。

想拥有美好的形象，除了学习各种美的知识、拥有美的智慧，还要有健康的生活方式，只有当身体的肌肉线条与服装的轮廓线完美结合，才会呈现出最美的形象。

（二）认知脸部

人的脸部特征，包括脸的外轮廓线条、脸型和内轮廓结构。

1. 直线型的人的脸部特征

国字脸，或脸部线条硬朗、结构清晰，骨感强，眼神犀利、直接、率性。女性表现为干练利落、俊朗率真，男性表现为威猛阳刚（图1-50、图1-51）。

图 1-50　直线型女性脸部特征

图 1-51　直线型男性脸部特征

图 1-52　曲线型女性脸部特征

图 1-53　曲线型男性脸部特征

图 1-54　重量感的人的脸部特征

图 1-55　轻量感的人的脸部特征

2. 曲线型的人的脸部特征

女性表现为脸型圆润，缺少骨感，眼神温柔妩媚，男性表现为脸部圆润，无强烈的结构，呈现出温柔、儒雅、可爱的氛围，如近年来流行的花样美男，即为男性中较有代表性的曲线型的人（图 1-52、图 1-53）。

3. 重量感的人的脸部特征

骨骼线条明显、棱角分明，脸型较大，五官在脸上占的比例较大，粗眉大眼，眼神沉稳、干练、浪漫。重量感的人显得成熟，有一定的距离感，有较强的视觉冲击力（图 1-54）。

4. 轻量感的人的脸部特征

脸型较小，或五官在脸上占的比例小，小眼细眉，脸部的结构柔和，骨架小，眼神灵动、轻盈。轻量感的人更显年轻（图 1-55）。

如果从脸上读不出特征直或曲、量感重或轻的特征者，即为介于直与曲、量感重与轻之间适中的脸部结构。

四、服饰与人的风格和谐之道

风格是指艺术作品的创作者借助某种手法所表现出来的作品的特征。风格必须借助于某种形式的载体才能体现。人的风格，指人与生俱来的，由外形的整体氛围所形成的视觉印象。人要装扮得体必须借助服装这一载体，而人的形体是一个有机的形体，只有了解自己的形体特征，才有可能深入发现自身风格与服饰风格间的密切关系。人的风格可以细化，即使是同一年龄层，也有不同性格的人群，或活泼开朗，或文静沉着，这是无形的；人的长相、身材是有形的，同样也有不同的风格特征。将无形与有形二者相结合，所呈现的综合效应即人的风格，这是在选择服饰时最需要考虑的。不同性格、相貌、身材都有与之相适应的风格化服装。

想在个人形象上有所突破，改变以往固有的着装方式，需要改变观念，并付诸行动。如去逛街选衣服就算不买也可以试穿，敢于尝试从未体验过的服饰新搭配，也许意想不到的惊喜就在等着您。尝试接受新的自我，您会发现，其实那样穿也可以很美。

如图1-56与图1-57，是两个著名时装品牌的广告。图1-56的模特，穿着的是硬挺材质、直线型裁剪的夹克，牛仔裤，几何形手拎包，妆面强调线条感，有棱有角、略微高挑的眉毛，条状腮红打法，率直干练的马尾，全身洋溢着硬朗的风格，再加上摆的"L"型姿势，冷峻而犀利的眼神，让人感受到的是一种大都市职场强势女人的气场。这张图片从模特

图1-56　洒脱独立的风格

图1-57　唯美浪漫的风格

姿势、表情眼神，到饰品搭配、服装构成，每一个细节，都营造出了该品牌想要传递的信息。彰显职业女性洒脱独立，时刻挥洒自如的当代风格。

图 1-57 则是与上一张截然不同的另一种风格。柔软面料曲线裁剪的收身合体连衣裙，圆弧形的领线和袖窿装饰，服装上写实花卉的印花图案，配合模特大波浪的卷发、蝴蝶造型头饰，以粉色晕染为主的柔美妆容，妩媚迷人的眼神，艳丽而对比强烈的色彩，加上 S 型的摆拍姿势与背景相辅相成，呈现出的是唯美浪漫而富有女人味的风格情趣。

从以上两个例子可以看出，衣与人搭配和谐，是形象美中视觉要素的关键。通过研究发现，风格相似或相近的物体放在一起远比风格不同的物体放在一起更容易产生和谐，这是因为风格相似或相近的物体之间有许多共通的元素，就像一个大家庭中的兄弟姐妹，都有血缘关系，大家在一起易和睦相处。而将各种异质元素放在一起，很难搭配协调。除非是功力深厚的设计师，能运用非常专业的知识和个人独到的见解将其融会贯通，在矛盾的碰撞中产生一种新的风格。因而，掌握风格相似或相近的物体搭配在一起较易产生和谐的原理，对大部分人来说尤其重要。根据和谐理论，直线型服装对应直线型身材，中间型服装对应中间型身材，曲线型服装对应曲线型身材，这样比较容易取得和谐的美感。

（一）直线型的人的装扮风格

1. 年轻化的直线型的人（轻的量感）

（1）女性：俊秀、率真、年轻化是她们的标签，有的还带有叛逆、标新立异、与众不同的特质。与之相适应的服饰特征：线型短而简洁的直线廓形，垂直或水平的分割线；帅气的装饰；小型几何图案、细直线、小格子；中性风格的鞋子或绑带的鞋子；几何形的饰品；质地精良的棉、麻或化学纤维面料。男孩般的短发或有力度的长发（图 1-58）。

图 1-58　年轻化的直线型女性

年轻化的直线型的人较具代表性的当属李宇春，出道十几年，岁月几乎没有在她脸上留下痕迹。李宇春的整体造型多年来没有太大的变化，传递出一种属于她个性的风格：利落的短发，常年的裤装打扮，就算是走红毯也常穿长裤，很少穿着有皱褶的蓬蓬裙和印有写实花卉图案、荷叶边装饰这类女性味较浓的服饰。她的出现颠覆了传统观念对美女的认知，中性帅气极具个性的形象深受年轻人的喜爱，引发众多粉丝争相效仿，成为年青一代独立、个性的代言人。

（2）男性：阳光少年型或叛逆、标新立异、与众不同、特立独行的男性，年轻而帅气的脸庞富有时尚感，适中或偏瘦的身材。与之相适应的服饰特征：短而简洁的线型、挺括的廓型、垂直或水平的分割线；小型几何图案、细直线、小格子；质地精良的棉、麻或化学纤维面料、牛仔面料（图1-59）。

2. 成熟化的直线型的人（重的量感）

（1）女性：理性、严谨、端庄、大方、高贵、成熟、精致，有距离感，有一定的量感。与之相适应的服饰特征：服装轮廓线型简练，

图1-59 年轻化的直线型男性

图1-60 成熟化的直线型女性

结构合体，以直线居多，强调结构分割的面感造型，局部传统、精致；条纹、格子、传统图案；沉着含蓄的色彩；传统的精纺面料（图1-60）。

如果说李宇春的形象是新时期审美的产物，部分较传统的人士无法接受，那么像杨澜、吴小莉这类形象的人，她们属于直线型风格，深受大众喜爱。财经类、新闻类、访谈类等需要理性、严谨、睿智的电视节目主持人常常以这样的形象呈现在观众眼前，她们给人理智、知性、可信任的感觉。与之相适应的服饰特征：精致的剪裁，外轮廓线利落分明的款式，较为挺括的精细的材质；短发或有力量感的烫发。

直线型风格在女性中有不同表现形式，有像男孩般偏中性少年型的，也有偏知性成熟女人型的。除此之外，在大都市的职场，严谨、理性的整体形象是工作环境与氛围所需要的，此时，就算是曲线风格的人，也最好做成熟化直线风格的装扮，利用服饰更好地体现出职业性和专业度。

（2）男性：硬朗、力量、刚毅、稳重、威严、勇猛是这类男性的标签，此类男性用"型男"一词来形容最恰当不过，健硕的身材、成熟大气的气质。与之相适应的服饰特征：利落的服装廓形、面感对比强烈的服装、挺括的材质、有冲击力的直线型图案，如菱形、条纹、大格子，这些服饰与男性本身立体而富有雕塑感的轮廓面容和健壮的身材相搭配，让人感受到成熟男性硬朗的气概（图1-61）。

图1-61　成熟化的直线型男性

（二）中间型的人的装扮风格

除非是非常富有特质的人群能明确区分其风格，相对于大部分人来说，与生俱来的特质并不十分明显，可将他们划入中间型的人的类别，可直可曲。中间型人群可以做多种尝试，只要能把一身搭配成一种风格即可获得较好的着装效果。

（三）曲线型的人的装扮风格

1. 年轻化的曲线型的人（轻的量感）

（1）女性：甜美可人、乖巧、身材娇小或圆润、女孩味、小曲线、量感较轻的可爱女孩；

抑或是小家碧玉、优雅温柔的女孩。这类女性与传统美学观念中的女人味最为接近，她们有内敛的柔弱感，需要精致打造。与之相适应的服饰特征：线型短而多变的曲线廓形、局部装饰小巧精致，如荷叶边、细褶皱装饰；小花、小圆点、小动物、小格子、水波纹、可爱的曲线图案；精致小巧的饰品；粉色调、柔和的色彩；质地精良的棉布、蕾丝、针织面料，细腻、柔软、表面光滑的精纺面料（图1-62）。

典型的代表人物当属香港明星沈殿霞（肥肥），她一直到去世都梳着童花头，戴大圆眼镜，穿着有花朵装饰的服装，这些已经成为她

图1-62　年轻化的曲线型女性

图1-63　年轻化的曲线型男性

的标志，符合她一向乐观可爱、轻松幽默、易于亲近的荧幕形象。

（2）男性：俊秀、帅气、身材较瘦弱的男士，如近几年非常流行的花样美男；胖得可爱的男士。男士年轻化、轻量感的风格形式较多样。与之相适应典型的服饰特征：线条流畅，收腰裁剪的外套或是轮廓宽松柔和的衣服，有一定柔软度的面料，用小饰品装点的细节，局部设计精巧别致，给人以温暖的色彩和图案（图1-63）。

2. 成熟化的曲线型的人（重的量感）

（1）女性：迷人、华丽、富贵、妩媚、大曲线、成熟。这是无论男性还是女性都较为喜爱的一类风格，极具性感和女人味，是许多人心中梦寐以求的"女神"范。与之相适应的服饰特征：夸张的曲线廓形、线型长而柔软、大波浪装饰；大花、大圆点、古典风格图案；色彩艳丽、对比强烈；富有女人味的饰品（图1-64）。比较典型的代表人物是台湾美女萧蔷和林志玲。

（2）男性：华丽奔放或文质彬彬，温文尔雅或阴柔内敛。成熟曲线型的男性代表人物是主持人李咏和歌手李玉刚。李咏给人以夸张、华丽之感，其在主持节目时着装多带有欧式宫

图1-64 成熟化的曲线型女性

图1-65 成熟化的曲线型男性

廷风，裁剪合体的收腰服装，上面多带有卷曲的花纹图案装饰；而李玉刚文质彬彬、温文尔雅的儒雅风范也收获了不少"钢丝"的喜爱。李咏的曲线型是外放的，李玉刚的曲线型则是儒雅、内敛的。与之相适应的服饰特征：裁剪合体的收腰服装，较为柔软的面料，卷曲纹理图案或花纹图案装饰（图1-65）。

（四）发型与线型、量感

人的头发，由千万根线条构成。线条有直与曲之分，而头发的多与少则与量感有关。多年前曾经流行离子烫，一夜之间大街小巷的女性，不管自己适不适合都把头发拉直。近年来开始流行大波浪卷发，于是又有许多人不顾自己的形象特质把头发烫成大波浪。现在短发当道，是不是又要一股脑去把头发剪短呢？事实上，头发作为人体中特定的线条组成部分，亦可参照和谐理论的做法：直线型的人适合把头发拉直或剪短，就算是因头发稀少要烫发来制造蓬松感，也可以烫成有力量感的卷度；介于直线型与曲线型二者之间的人则可做多种发型的尝试；曲线型的人更适合大波浪的头发和卷曲的短发。重量感的人适合留大发量的头发，避免头轻脚重，轻量感的人则可以把头发打薄些，避免头重脚轻。

（五）脸与身材风格不一致的人的装扮

直线、曲线、重的量感、轻的量感，运用到具体的人身上时会发现，有些人的脸部结构和身材的直与曲、量感的重与轻风格一致，能较好地进行服装搭配；但也有些人的脸部结构和身材风格不一致，如直线型的脸，曲线型的身材，或反之；重的量感的身材，轻的量感的脸部特征，或反之。脸与身材风格不一致的人怎么与上面所说的服装风格对应呢？其实在穿衣打扮中，服装轮廓对应的是人的身材，服装上的图案和装饰对应的则是人的脸。

曲线型身材、直线型脸的人：适合曲线裁剪的款式，直线图案和装饰的装扮（图1-66）。

直线型身材、曲线型脸的人：适合直线裁剪的款式，曲线图案和装饰的装扮（图1-67）。

图1-66　直线图案、曲线款式的服装

图1-67　曲线图案、直线款式的服装

五、"型"的形式美法则

除了上面讲述的"型"的和谐理论，还有一些搭配原则不容忽视，所有服饰都可以搭配在一起，但产生的美感却因人而异。穿衣打扮除了搭配正确，还要讲究美感，不管怎么搭配，视觉的和谐最重要。下面介绍搭配的形式美法则。

（一）统一与变化

所谓形象统一的美，是指人与服饰在某种秩序的作用下产生的美感，强调各部分之间有密切联系。但过于统一，也会因缺少变化而让人感到平淡和单调。在整体统一之中求局部变化，是较为常用的美的搭配方法。

（二）节奏与韵律

节奏与韵律多用于描写音乐、舞蹈中的旋律或动作。在"型"上，服装轮廓线型的变化与否，会让整个造型或充满了生命的活力和跳跃感，或平淡无奇。

1. 法则一：宽窄

上宽下窄；上窄下宽。常常看到一些人上身穿宽松的蝙蝠衫，下身穿一条阔腿裤，虽然很舒服，但却显得臃肿，让人提不起精神，看起来还会降低实际身高。值得一提的是，除非身材足够高，且比较瘦，否则不要轻易尝试上下都是紧身或都是宽松的搭配。

2. 法则二：长短

（1）内长外短；内短外长。服装的节奏体现在其轮廓线条的变化上，内外装的长短正是服装的节奏最好的变化。

（2）上长下短；上短下长。除非你很年轻，而且身材特别好，否则不要尝试上短下也短的装扮；除非身材够高挑，否则不要轻易尝试上下均为长款的衣裙或衣裤，上长下长的搭配会使人体变成五五分的比例，而且显得矮，给人一种拖沓之感。

"型"的运用也会让人产生不同的心理反应，学会辨别，有助于表现自己希望传递给别人的信息，取得"四两拨千斤"的效果。根据"型"的美学理论，每一种物体依据轮廓可以分为直线和曲线，根据体积可分为重的量感和轻的量感，学习这些理论知识除了能运用在穿衣打扮、美化形象上，还能运用到家居布置、餐饮摆盘等其他需要通过形、色、质表现的领域。例如，喜欢简约、硬朗风格的人，可以选择直线风格的家具和灯饰，可以选择几何、条纹或是格子图案的床上用品、窗帘等家纺用品；喜欢浪漫、复古风格的人，可以选择曲线型风格的家具，有花纹或偏古典风格的灯饰造型，花卉、圆点或流线型图案的床上用品、窗帘等家纺用品。如果房子面积较大，适合选择重量感的家具和装饰；如果房子面积较小，则适合轻巧别致、轻量感的家具和装饰。正所谓艺术都是相通的，用"型"的理论指导布置居家空间，和谐搭配，美好生活可以尽在家中。

"型"的美感各式各样，形式多变，不同的风格哪一种更美？直线美还是曲线美，圆点图案美还是豹纹图案美，繁复的耳环美还是简洁的耳环美？如图1-68、图1-69，这两种截然不同的设计风格各具特色，其实没有可比性，它们各有各的风格特征，各有各的美感。不应将自己不喜欢的统统归为不好看，也不是把所有美的东西堆砌在一起，就会美。

服装风格有许多种，如田园、文艺、摇滚、奢华、哥特、民族等，相信许多人都能将这些不同的风格分辨出来。但随着时尚的飞速发展和变化，每年还会有新的设计风格出现，并被设计师或媒体、大众以不同的方式命名。这些风格会通过网络及各种媒介迅速传播开来，成为一阵阵潮流，丰富我们的视野。中国之大，天南地北，不同地域孕育出不同气质的人群，就算是同一个地区的人，也会因不同的生活环境、性格特征、个人喜好和着装习惯而呈现出不一样的气质。如具有民族特色的异域风格，宛如邻家

图 1-68　曲线型的少女风格

图1-69 几何形的现代设计风格

六、时尚流行与个人着装风格

女孩般的清新风格，具有国际化大都市背景的摩登戏剧化风格，职场强势女人风格，特立独行、标新立异的前卫风格，森女系自然风格等不同类型的风格，找到适合自己的风格才最重要。服装设计业的发展，使个性化服饰日趋多元化，许多服饰无法套用某一种具体的风格来形容，因此不必纠结于某种风格具体叫什么。在对"型"的直与曲大致风格的理解后，再慢慢通过时尚杂志、时尚栏目以及逛街看各种不同风格的品牌，积累经验，提高审美加强对时尚的认知，就可在选择服饰时做出正确的判断。

流行总是循环往复，在每一年流行趋势的舞台上，不同风格的服饰竞相登场。时尚已经渗入生活的方方面面。排斥时尚流行、看起来与现代生活格格不入、对流行嗤之以鼻和盲目追随流行、唯流行马首是瞻，这两个极端都是不可取的。如果经济上不是那么宽裕，最好不要大量购买当季最流行的服饰，因为最流行的服饰具有这一季最典型的设计特征，也会是过时最快的。况且并不是最流行的衣服穿在身上就是最好的，适合才最重要。对大多数人而言，在选择服装时，最好在经典款式的基础上，融入一些当季流行的元素，这样的搭配既经典又不失时尚。学会用正确的方式了解时尚、欣赏时尚，将时尚变成为一种生活风范、生活方式，才是积极的人生态度。

七、人在"型"上的可塑性

有一个著名服装品牌的广告语叫"男人不止一面",其实女人亦如此,人具有多面性。只是人的形象的多面性要建立在对自身认知的基础上,并着手发掘潜质。

人有很强的可塑性,演员可以饰演各种不同类型的角色,演什么像什么,服装在其中起到了很好的辅助作用。了解不同服装的风格,学会接受它,和它对话,服装穿在身上才能成为人身体的一部分,别人看着才会和谐、舒服。一些面料、图案、款式已经在人们心中留下了深刻的风格印象,充分利用这些印象能够帮助人快速地进入到角色中。比如张曼玉在《花样年华》中饰演的苏丽珍形象已经深入人心,当您想要呈现出"优雅、内敛、风情但又压抑"的整体形象时,穿上一袭有繁复印花和精致盘扣、暗色修身的缎面短旗袍,就已经有三分神似苏丽珍了。

人要先有美的意识,思想观念接受了,才会付诸行动。若让人穿着一些从未尝试过的衣服,大部分人一开始会觉得浑身不自在、不习惯,甚至产生抵触心理。其实,试穿不一定就要买,只是试试而已,也许穿上从未尝试过的衣服后,会有意想不到的惊喜,没准看起来非常漂亮。有时候,改变也许不是某件衣服带来的,而是这种破茧的勇气使人豁然开朗。当一个人拥有许多的形象造型可能性的时候,更容易发自内心感到愉悦。既然如此,为什么不勇敢去进行尝试呢?在所有学习中,观念的转变比具体的技巧学习更为重要,观念转变了,才能接纳和包容各种风格的美。

在本书中,除了教授大家一些专业的装扮美的知识和技巧,更希望传递一种健康、美的观念,这种观念可以让我们抛弃生活中的一成不变,挖掘自身内在和外在的潜能,使自己在生活中的每一面都能呈现出美感。例如,作为女性,职场里可以是女强人,家庭内可以是贤妻良母,旅途中可以是随意、休闲的游客,运动中可以是拥有专业水平的运动健将,朋友聚会时可以是时尚、浪漫的密友,在生活、工作中可以扮演不同角色,展现不同风情。因此,只有当我们对专业美、艺术美的知识有了一定了解之后,积极应用其中,才可以让生活变得更加丰富多彩,更加自然与美好。如香港演员古天乐,他刚出道时呈现的是一种非常柔美的曲线,扮演的都是文质彬彬、带有书生气质的角色。但自从皮肤晒黑、肌肉变壮实以后,他拍摄的一系列影片都在塑造硬朗的硬汉形象,可谓成功转型的典范。

形象之美,就各种不同层次的人而言,服饰"型"的运用有相对应的四重境界。

"型"之装扮的第一重境界:扮靓新手级。如果您之前对服装风格一窍不通,对自己的形象毫无自信,那么经过学习后,先不要急于求成,应该让自己达到第一重境界，即不管这身装扮适不适合你，站在物美的角度，把一身服饰搭配成同一类型的款式风格：服装、饰品能搭配成一身直线型服饰，或是一身曲线型服饰；重量感的服装配重的量感配饰，轻量感的服装配轻的量感配饰，即可拥有一定的服饰美感。

"型"之装扮的第二重境界：装扮先锋级。在对第一重境界完全掌握之后，了解自己的身材、长相特征，知道自己的身材和脸部轮廓是直线型还是曲线型，属于重的量感还是轻的量感，找出适合自己的装扮风格，多穿适合自己风格的服饰，给观者留下一个深刻的印象。

"型"之装扮的第三重境界：时尚达人级。在对第一、第二重境界已完全掌握的情况下，在对时尚流行趋势有一定理解的基础上，根据场合、时间、地点需要，做直线、曲线，重的量感或轻的量感等不同的装扮。如职场中可做重量感的直线装扮，传达出稳重、理性之感；与朋友约会或是结婚纪念日则可选择曲线型浪漫风格的服装，通过服饰传递出温柔和爱意，塑造出多变的形象。

"型"之装扮的第四重境界：百变大咖级。在前三种境界驾轻就熟的前提下，基于对服装、时尚流行趋势有深入地理解和很强的掌控功力，遵从自身审美的引领，摆脱理论束缚，超越理论，将所有理论转化为对美的感悟和理解，这时你便可以尝试混搭，曲的服饰配直的服饰、重量感的服饰配轻量感的服饰，将看似毫无章法的各种异质造型元素搭配于一身，形成属于自己的风格。打造出极具个性的形象，这就是穿衣打扮的最高境界。

对照一下要求，看看你能达到哪个级别？

对于"型"之装扮的四重境界，每一重境界都需要对服装材料和"型"有一定的理解和认知，这种由浅入深的四个不同层次，只要通过系统的学习与锻炼，就能够根据需要运用服饰语言塑造出完美的形象，由低至高向更深、更具个性的层次迈进。学习装扮美的形象，光靠吸收和感性认知是不够的，需要理性与感性相结合，有意识地应用到日常生活、工作的每一处细节，身体力行才能熟能生巧、融会贯通。

艺术没有对与错之分，有的只是好与不好、美与不美、层次高低的区别。常会看到一些相貌、身材并不出众，但却很会穿衣打扮的人，他们不按常理出牌的搭配理念，同样能让人看起来很舒服。其实美无处不在，要想成就美好形象，就需要对服装有深入的理解，才能更好地驾驭服装和各类配饰，与之建立良好的对话关系，最终使之成为自己形象的一部分。其中，培养正确而高层次的审美是塑造美好形象的关键。

八、与服装"型"有关的美丽问答

1 问：平胸的 H 型身材，如何通过服装来塑造更加完美的曲线？

答：首先要选择好的文胸，如集中和聚拢型的文胸、有三颗或四颗扣的调整型文胸，这样就能把胸部周围的脂肪移聚到一起。其次，平胸的人尽量不要穿着紧身服装，可选择胸部有夸张的造型、有装饰的服装。另外，请正视自己的身材，学会打破传统观念，接受自身的不完美，并使不完美成为自己的特质，一样可以穿出属于自己的风格。

2 问：胸部过于丰满，应该选择什么样的服装来掩饰？

答：可选择胸部装饰简洁或没有装饰的服装，不要再在胸前"锦上添花"了。如果上衣面料较薄，最好穿光面的内衣。

3 问：溜肩的人及肩膀平宽的人穿什么款式的服装比较好一些？

答：溜肩的人适合穿有垫肩或者是肩部有肩章装饰的服装；反之，若是肩膀很平、很宽的人，则适合穿着袖窿弧线往里收的款式，肩部最好不要再加垫肩。

4 问：脖子粗而短的人适合穿什么样的服装？

答：脖子粗而短的人适合穿鸡心领或深 V 字领的服装，戴长型项链，用项链的线条延伸脖子的长度。

5 问：臀部大的人适合穿哈伦裤吗？

答：臀部比较宽大的人尽量不要穿哈伦裤，最好选择偏西装裙款式或直筒型的裤子、裙子，避免腰臀部位有褶皱或者装饰太多，夸张了臀部。如百褶裙、蓬蓬裙一般不适合臀围宽大的女士穿着。

6 问：手臂粗的人该如何利用服装掩饰其缺点？

答：手臂粗的人最好选择半袖或中袖服装，避免无袖的服装，不要穿特别紧身且有弹性的服装，影响身躯和手臂的比例关系，可选择比较修身、挺括面料制成的服装。

7 问：娇小可爱的女士如何穿出职场达人的感觉？

答：娇小可爱的女士在选择服装色彩上应让全身统一在一个色调里，尽量不要上下分开，因为同一色调会起到延伸视线的效果。个子娇小的人最好穿中高跟鞋，不要为了掩饰个子矮小而刻意穿上厚底超高跟的鞋子，让人将视线集中在鞋子上，拉低了视觉平衡感。选择鞋跟 5~7 厘米的鞋穿起来步态自然，是最漂亮的。

8 问：花样美男型的人应该如何穿着装扮？

答：不要穿过于宽松的衣服，多选择修身裁剪的服装，利用精巧别致的饰品来体现精致感。发型则应将头发烫完之后再做修剪，让头部和身体的风格显得更加和谐。

9 问：为什么同一件衣服穿在别人身上特别好看，可是买回来穿到自己身上的时候就很不理想呢？

答：服装有不同的风格，每种风格都有与之相适应的人群，恰好你所看到穿得好看的那个人的风格与那件服装的风格相匹配，因而产生和谐的视觉效果。可是你和那个人的风格不一样，穿这件衣服就会产生不一样的效果。所以说，衣服也有自己的风格，它需要适合的人群来体现它的美，并不是同一件衣服能适合所有的人。不"人云亦云"，穿出自我才是应有的穿衣态度。

10 问：超短裙适合腿粗的女性穿吗?

答：不适合。穿衣讲究扬长避短，腿粗或腿短的女性穿着超短裙会将腿部线条尽显无遗，无疑是将自己的短处暴露在众目睽睽之下。

11 问：胖人适合穿紧身衣吗?

答：不适合，尤其是薄而透明的紧身衣更不适合，它会将胖人身上的赘肉勒得如同一个个救生圈，毫无美感。

12 问：小个子的人穿近年流行的大轮廓外套好看吗?

答：不好看，服装廓形太大会把小巧的身材压得喘不过气来。

13 问：为什么橱窗里挂着的好看衣服，买回来穿到自己身上就不好看了呢?

答：商店里展示的服装美只是物美，如果服装的风格和着装者的风格不相匹配就无法呈现美感。服装与人的和谐才是最重要的。

14 问：冬天想穿裙子可是又怕冷，穿条秋裤在袜子里面可不可以?

答：不可以，那样会让腿部显得无比臃肿。可以选择穿着弹力效果好、有厚度的连裤羊毛袜。实在太冷建议就不要穿裙子了，美丽也会"冻人"的。

15 问：什么样的身材穿旗袍好看?

答：旗袍相对于现代服装，无论裁剪方式还是版型结构，皆偏平面感，含蓄而内敛的气质体现了东方美，因而扁平身材兼具古典气质的人穿上更能体现出旗袍的韵味。身材凹凸有致、前凸后翘的人穿上旗袍仿佛把旗袍缠绞在身上，不能较好地诠释其固有的美感。

CHAPTER02

第二章

悦色——肤色与色彩的对话

第二章
悦色——肤色与色彩的对话

　　色彩，让世界变得绚烂缤纷，让生活变得多姿多彩；色彩能改变生活，也能改变人的神情气质；色彩能愉悦人的眼睛，更能打动人的心灵。色彩赋予世间万物活力，而人则能使色彩变得富有生命力。

　　自然界中一切物体以其千变万化的独特色彩和造型构建了一派生机盎然的神奇世界（图2-1）。例如，生活在地球的人类拥有黄、白、黑、棕等不同肤色；动物也被赋予了不同的色彩，五颜六色的蝴蝶，黑白相间的斑马，艳丽得令人眩目的热带鱼，植物界的花草、树木更是随着四季更迭而呈现出迥异的姿态与景观。人生活在一个色彩斑斓的空间：风景美如画的郊野山川河流，老建筑充满历史感的斑驳外墙，摆放得如调色板般五彩缤纷的蔬果摊……可以说，人无时无刻不浸泡在浑然天成的色彩世界里。试想，若是有一天所有的色彩均消失了，那将是一片了无生趣的沉闷景象。

　　我们在日常生活中时时刻刻、不可回避地与色彩发生着亲密的关系。烹饪美食讲究色香味俱全，把"色"放在首位，足见色彩对人食欲的吸引力。从养生的角度说，食物有红、黄、白、绿、黑五色，五色食物补五脏，每天摄取这五种色彩的食物才能营养均衡。从色彩学角度看，"色"能引起人的食欲，盘子里菜肴的色彩要有深浅和冷暖的搭配，有丰富的变化，才能令人垂涎，比如黑木耳炒牛肉，二者颜色较深，炒时放入青椒和胡萝卜，深色中加入绿色、橘色，色彩搭配才有层次。色彩能给生活提供充足的养料，在心理上唤

图 2-1 自然界中丰富的色彩

起人们对美好事物的感知。色彩运用在家居装修上，当忙碌了一天的人回到家中，家中亲切、温暖的种种色彩能给人带来一份安逸与享受；办公空间装修常选用柔和、淡雅的素色，简洁的色彩能让人工作时集中注意力，提高效率；餐饮店面装修常选用红色、橙色，这些颜色可以促使食客增加食欲。

色彩缤纷的服装、饰品、化妆品为我们提供了一个丰富多彩的广阔天地。在服装的造型、材料、色彩这三大美学要素中，最能引起他人注意的是色彩。色彩除了显露出服装表情、体现着装者的审美情趣与个性，还可以创造高附加值，产生无形的销售影响力。要对色彩有清晰的认识，善用色彩营造氛围，就要理解色彩、读懂色彩，使它成为生活的一部分。

在生活中，时常听到有人抱怨，怎么在服装店里看到颜色好看的服装，买回来穿到自己身上就不好看了？怎么穿上这个颜色的衣服别人老说自己最近长胖了？这个颜色在舞台下好看，上了台怎么就变得那么不起眼？这两件衣服的颜色明明不一样，可又说不清楚到底哪里不同？面对诸多色彩带来的困惑，该如何解答？

每天接触、看到的色彩越来越丰富，在商场中或电脑上对着成千上万种色彩的操纵和选择越来越自由时，有的人慢慢对色彩产生了审美疲劳，用色的兴趣越来越淡，对生活也渐渐变得漠不关心起来。但是，请相信，如果一个人能熟练地掌握色彩，能在一种全无真实生命感觉的虚拟现实中纯粹地操纵色彩，并能自如地使用色彩，也不失为一件快乐之事。因为能真正认识和理解色彩的人，内心是丰富的；能接受和喜爱各种色彩的人，内心是包容的；能随心所欲地运用色彩的人，形象是多变的。

善于运用色彩与造型美学的原理，能达到扬长避短的效果，实现塑造美好形象的目的。每个人的体形、身高、围度、肤色、气质都有差异，因此，不同的人穿着同一件衣服会产生不同的视觉效果。再加上衣服的款式、色彩、材质也是千差万别，所以同一个人穿着不同的服饰也会产生不同的视觉效果。色彩相对于"型"，变化更多端、更微妙。一件华丽的艳红色缎面晚礼服，或是一件深紫色晶莹剔透的水晶饰品，给我们带来的感受不仅仅是色彩，还包括材料的质感；仿若一瓶淡黄色的香水，气味和由此引发的联想也会深隐其中，人对色彩的感知其实是一个综合体验。成语"望梅止渴"，说的是联想到青梅的时候，就能口中生津。所以，色彩不只与视觉有关，还与人全部的感知相关。

穿着色彩适合的服装，不但整个人神采奕奕、脸色健康，还能弥补身材的不足。学会利用色彩的视错觉，还可以将原本比例不佳的身材修饰得看起来很舒服、和谐。反之，穿着色彩不适合的服装，身材的不足之处越发凸显，还会显得人老气横秋、无精打采。色彩比"型"更吸引人的视觉。通常，远远走来一个人，在未看清他的衣着款式和相貌之前，就能知晓他服装的色彩。在着装中，色彩和造型二者相辅相成、缺一不可。在选用服饰时，要考虑色彩与"型"的和谐统一，学会欣赏和发现色彩的美感，才能寻找到适合自身体形、气质的服饰风格。

如果通过学习练就了一双专业的分辨色彩的眼睛，你会发现，时尚杂志中、T台秀场上、影视剧画面里看到的模特、明星之所以呈现出一种近乎完美的状态，是因为经过了专业设计师独具匠心的打造。尤其在细节方面，设计师秉持对美的专业态度，巧妙使用色彩，精心设计角色形象和场景，使整个作品传递出一种整体和谐的美感，包含了人与灯光、场景、道具及人与服饰、化妆、发型的和谐统一。因此不难看出，色彩与人之间有着非常密切的关系（图2-2）。

图 2-2　和谐的色彩

一、色彩基础知识

生活中的色彩多不胜数，如果给这些色彩一一命名，可谓数不清也道不明。平时接触到的色彩千千万万，一般人只能笼统地分辨出红、橙、黄、绿、蓝、紫。例如，在化妆品商店里购买口红时，有很多种不同的红色：桔红、大红、酒红、玫瑰红、桃红等，究竟哪种红色适合自己呢？又如，同是绿色的衣服，有翠绿、橄榄绿、草绿、粉绿之分；同是蓝色的帽子，有深蓝、浅蓝、宝石蓝、天蓝的区别。色彩众多而庞杂，三言两语并不能把林林总总的色彩区分清楚。为了方便大家辨别和使用色彩，先把这些色彩做一个系统的分类和讲解，并规范地介绍一些与色彩相关的专业术语，以便朋友们在服装色彩与肤色搭配中有章可循，有法可依。

（一）色彩的分类

常见的色彩可划分为三大类：无彩色、有彩色和独立色。

1. 无彩色

包括黑、白，以及由黑、白调和相加所得到的各种深浅不一的灰色（图2-3）。

在服饰搭配中，无彩色属于经典色。黑、白、灰与其他色彩的搭配很容易取得和谐效果，而黑、白、灰之间的搭配也毫无禁忌，属于美丽却不会过时的色彩组合。无论每年流行色如何更迭变化，黑、白、灰所组成的无彩色系始终在服饰流行领域占据一席之地（图2-4）。

图 2-3　无彩色

图 2-4　无彩色的服饰

2. 有彩色

有彩色，顾名思义，就是有彩度的颜色。有彩色是指没有混入黑、白、灰的纯色（包括红、橙、黄、绿、蓝、紫六种鲜艳的纯色），以及由这些鲜艳的纯色加入黑、白、灰调和后所构成的各种色彩，或由几种纯色按不同比例混合相加得到的千千万万种色彩（图2-5至图2-8）。

在日常生活中，我们看到、用到、穿到最多的，除了黑、白、灰等无彩色，多为有彩色。

图 2-5　没有混入黑、白、灰的纯色，色彩明快艳丽

图 2-6　加入了白色的有彩色，色彩轻快爽朗

图 2-7　加入了灰色的有彩色，色彩优雅含蓄

图 2-8　加入了黑色的有彩色，色彩沉稳庄重

3. 独立色

独立色是指金、银等含有金属光泽感的色彩（图 2-9、图 2-10）。独立色的色彩闪烁耀眼，除了特殊场合，不建议在日常服装中做大面积使用，多用作点缀色或饰品用色。

图 2-9　金色的服饰

图 2-10 银色的服饰

（二）色彩三要素

对色彩的理解，仅仅局限于红、橙、黄、绿、蓝、紫、黑、白、灰、金、银是远远不够的，就算有专业而又懂色彩的设计师给出建议，若自己没有一定的色彩知识，脱离了专业人士，还是不会运用，难以挑选到合适的色彩。所以，了解与色彩相关的专业知识，正确区分一些色彩专业术语的含义，是非常有必要的。了解色彩，还能做到善用色彩，就可以大大提升穿衣打扮的能力与品位。

服装具有色彩，造型（包括款式、版型），材质三要素，色彩同样也具有三要素，要认识色彩就要先了解色彩的性质，即构成色彩的三要素。色彩的三要素包括色相、明度（有时也被称为亮度）和纯度（有时也被称为彩度）。

1. 色相

所谓色相，是指色彩的相貌，即区别各种不同色彩的名称。色相是区分色彩的主要依据。红、橙、黄、绿、蓝、紫通常用来当作基础色相。然而，在每个色相中色彩又有区别，如红色系中有深红、大红、玫瑰红、紫红、粉红等；黄色系中有柠檬黄、淡黄、橘黄、土黄等；绿色系中有墨绿、翠绿、草绿、橄榄绿、粉绿等。在所有色彩中，有彩色和独立色具有色相变化，而无彩色中的黑、白、灰则没有色相变化。

色相从宏观而言，可分为冷色与暖色。色彩学家研究发现，能使人联想到太阳、火、血等暖烘烘感觉的色彩（以橙为主的混合色）称为暖色，如红、橙、黄等；而使人联想到天空、海水、冰块等凉爽、寒冷感觉的色彩（以蓝为主的混合色）称为冷色，如绿、蓝、紫等。值得一提的是，色相的冷暖是相对的，不是绝对、一成不变的，通常一种色彩是偏暖还是偏冷，要通过与另一种色彩比较才能得出结论。例如，同属冷色系，绿色就比蓝色暖，那是因为绿色中含有黄色的成分（黄＋蓝＝绿）；同样的道理，紫色比蓝色暖（蓝＋红＝紫）。在所有色彩中，橙色最暖，蓝色最冷。

在同一个色系中，同样有冷暖变化。在红色系中，玫瑰红比橘红冷；在黄色系中，柠檬黄比橘黄冷；在独立色中，银色偏冷，金色偏暖。

红色系中的冷、暖对比（图2-11）。

偏冷的红　　　　　　　偏暖的红

图2-11

橘色系中的冷、暖对比（图2-12）。

偏冷的橘　　　　　　　　偏暖的橘

图 2-12

蓝色系中的冷、暖对比（图2-15）。

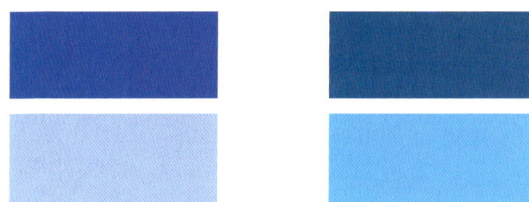

偏冷的蓝　　　　　　　　偏暖的蓝

图 2-15

黄色系中的冷、暖对比（图2-13）。

偏冷的黄　　　　　　　　偏暖的黄

图 2-13

紫色系中的冷、暖对比（图2-16）。

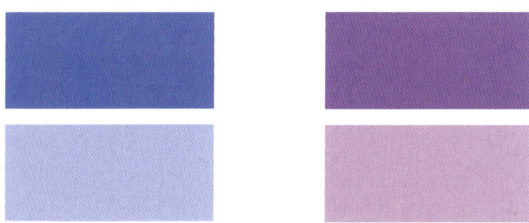

偏冷的紫　　　　　　　　偏暖的紫

图 2-16

绿色系中的冷、暖对比（图2-14）。

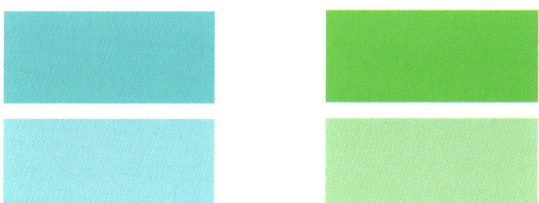

偏冷的绿　　　　　　　　偏暖的绿

图 2-14

中性色系中的冷、暖对比（图2-17）。

偏冷的中性色　　　　　　偏暖的中性色

图 2-17

分清色彩的相貌，才能准确地判断和运用色彩。其中，掌握色相的冷暖变化尤为重要。

常听人说，"我不适合红色"或者"我不适合绿色"。其实，将色相冷暖变化知识弄明白，就会发现，每个人都适合红、橙、黄、绿、蓝、紫，只是适合的是什么样的红？是偏暖的橘红，还是偏冷的玫瑰红；是偏深的暗红，还是偏浅的粉红而已。人的色彩视野变宽了，适合的色彩也会变多。

2. 明度

所谓明度，是指色彩的明暗程度，即色彩明暗的差别和深浅的区分。它具有相对独立性。在专业色彩书中，常用高明度、中高明度、中明度、中低明度、低明度表示明度的变化。而在一般大众眼中，常用浅或深、亮或暗，或者白一点、黑一点来区分，这些描述所指的意思是相同的，区别在于专业术语表达得更准确、范围更广而已。在无彩色中，黑、白、灰都只具有明度变化，而不具有色相变化。其中，白色明度最高（最亮、最浅）；黑色明度最低（最深、最暗），如图 2-18 所示。

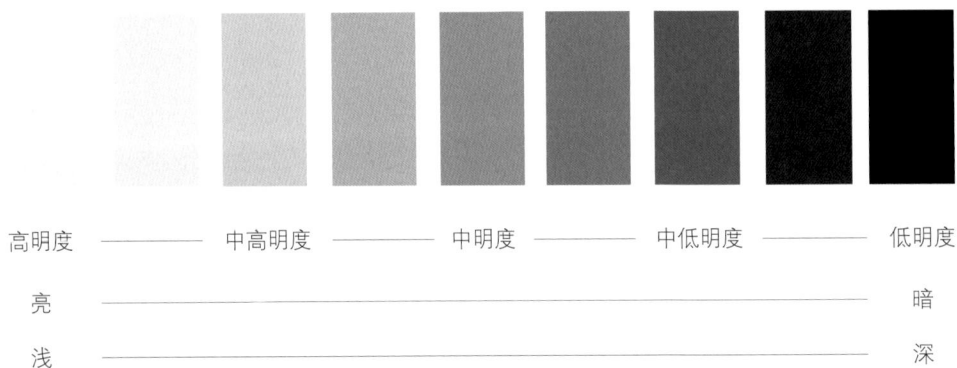

高明度 —————— 中高明度 —————— 中明度 —————— 中低明度 —————— 低明度

亮 ———————————————————————————————— 暗

浅 ———————————————————————————————— 深

图 2-18 明度的变化

　　有彩色也存在着明度差。例如，将彩色图片变成黑白图片（图2-19），虽然图上的色彩都消失了，但仍会以黑、白、灰的明暗关系呈现出来。

　　在高纯度的有彩色中，黄色明度最高，紫色的明度最低。一种色彩如果加入了比它本身明度高的其他色（如加入白色），明度会提高；反之，加入明度比它低的色彩（如加入黑色），明度就会降低。

图 2-19　有彩色的明度变化

红色加入白、黑所产生的明暗变化（图2-20）。

高明度（红）—————————————————————————低明度（红）

图 2-20

黄色加入白、黑所产生的明暗变化（图2-21）。

高明度（黄）—————————————————————————低明度（黄）

图 2-21

绿色加入白、黑所产生的明暗变化（图2-22）。

高明度（绿）—————————————————————————低明度（绿）

图 2-22

蓝色加入白、黑所产生的明暗变化（图2-23）。

高明度（蓝）—————————————————————————低明度（蓝）

图 2-23

在色彩三要素中，明度较之色相和纯度更易理解，掌握各种色彩明度的区别，可以更好地利用色彩去表现着装的变化和搭配的层次感。

3. 纯度

所谓纯度，是指色彩饱和与纯净的程度，色彩中含有纯色成分越多，纯度越高；反之，色彩中含有纯色成分越少，则纯度越低。在色彩专业书中，常用高纯度、中高纯度、中纯度、中低纯度、低纯度表示纯度的变化（图 2-24 至图 2-27），而在一般大众眼中，常用鲜艳、浑浊或艳、灰来区分。

图 2-24　高纯度的色彩

图 2-25　中纯度的色彩

图 2-26　低纯度高明度的色彩

图 2-27　低纯度低明度的色彩

在所有色彩中，无彩色（黑、白、灰）和独立色（金、银）没有纯度变化，只有有彩色具有纯度变化。在有彩色色系里，纯色具有最高纯度。任何一个纯色加入白色，明度虽然提高了，但纯度却降低了；加入黑色，明度降低，纯度也会降低；加入同明度的灰色，明度不变，纯度降低。纯度的变化是色彩三要素中最难理解和掌握的。在日常生活中，人们视觉所能见到的色彩多为纯度较低的色彩。

有些介绍色彩知识或形象设计的书籍，将色彩纯度描述为亮色与浊色，这一提法是不准确的，"亮"指的是明度，而非纯度。

如图 2-28 这两件有彩色的衣服，按一般人的视觉感受度，左边的比右边的亮，而事实上当它转成黑白，即只有明暗关系时，右边的明度比左边的明度要高一些。在这里影响我们视觉感受的是色彩的纯度，即左边的色彩比右边的色彩纯度高、鲜艳，因而给人感觉眼前一亮。

总结色彩三要素，可以概括区分为：

色相：冷与暖。

明度：亮与暗（浅与深）。

纯度：鲜艳与浑浊（鲜与灰）。

图 2-28　色彩纯度对视觉的影响

如图 2-29 所示的色彩坐标图，从上至下是色彩明度的变化，从左至右是色彩纯度的变化，在每一个色相环当中，是色相的变化。

色彩的色相、明度、纯度三者密不可分，运用时需综合考虑。色彩坐标图是常见色彩色相、明度、纯度三者非常直观的变化图，理解此图，纵使面对许多无法叫出名字的色彩，也可以从色相、明度、纯度上进行辨别，并且能对色彩变化有直观的感受。把握图中呈现出来的不同色调，如浅色调、浅灰色调、明亮色调、

鲜艳色调、强烈色调、浊色调、灰色调和暗色调等，将这些色调记住，有助于加强对色彩的形象记忆。

色彩坐标图中的众多色彩，没有美与不美之分，有的只是色彩冷暖、明暗、鲜灰的变化。认识了这许许多多的色彩后，你会发现，每一种色彩都有属于自己的美。充分深入地理解色彩三要素，才能更好地读懂色彩，学会欣赏每种色彩的独特魅力，进而自如地运用色彩来指导穿衣打扮。

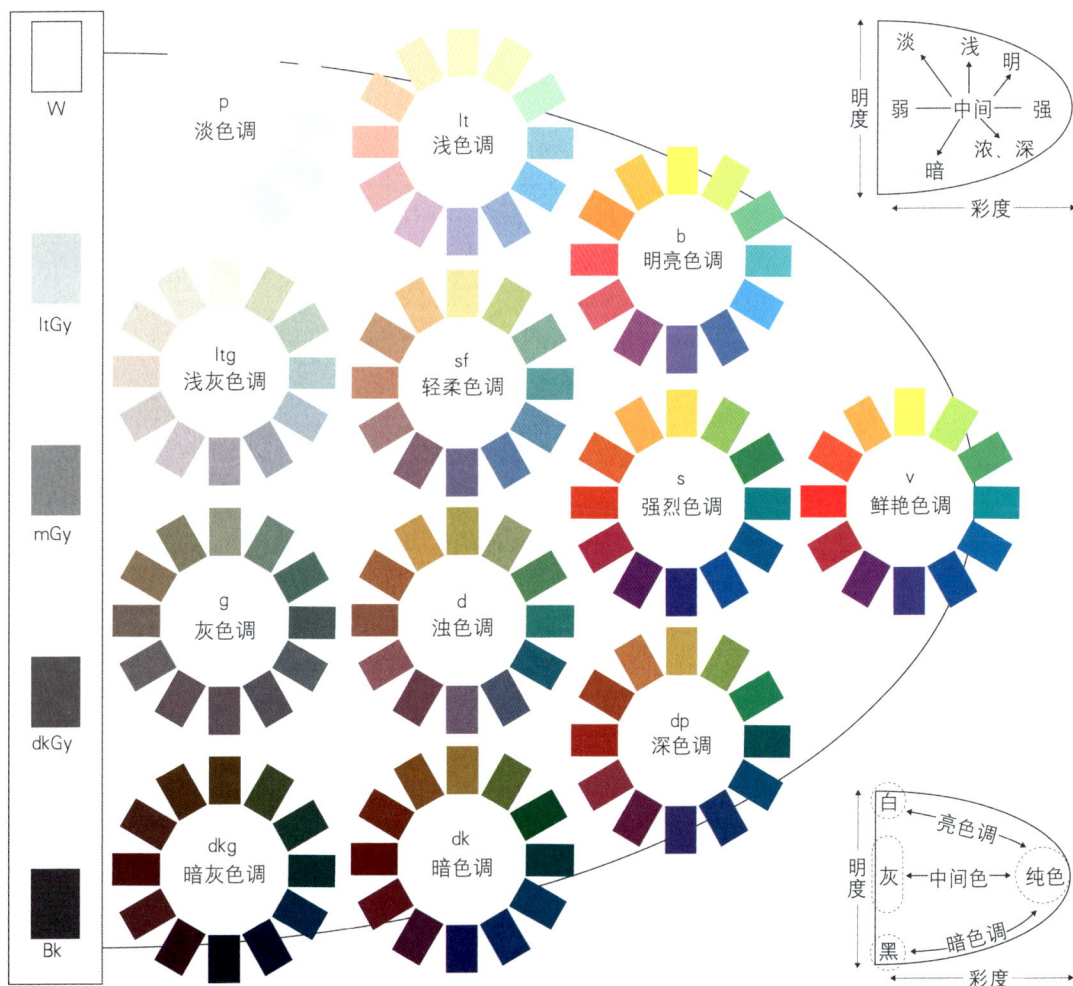

图 2-29　色彩坐标图

（三）色彩的对比

只要有色彩存在，就会产生对比。色彩并非孤立存在，当一种色彩出现时，它会跟周围的环境色彩产生对比关系，进而影响人的视觉感受。当两种或两种以上的色彩搭配时，产生的色彩效果称为"对比"或"配色"。穿上一件衣服，这件衣服的色彩不会孤立存在，它会与人的肤色、发色以及周围环境色产生一定的对比关系。在日常生活中，人们往往会对色彩产生直观的感受：有的朴素雅致、有的青春靓丽、有的华丽高贵、有的奔放狂野、有的性感妩媚，让观者赏心悦目；而有的却显得低级庸俗、杂乱无章、零散无序，让观者大倒胃口。这些视觉感受，取决于色彩之间的对比（或搭配）是否和谐。不同的色彩搭配会呈现出不同的视觉特征，引起不同的观感。色彩的对比效果有赖于色相、明度、纯度的变化而呈现。

1. 色相对比

色相对比，可理解为冷、暖关系的对比。

冷色与暖色的对比（图 2-30），尤其是高纯度的冷色与暖色对比，最能吸引人的眼球。伊顿色相环直径两端的色彩属于互补色，它们之间是一对矛盾体，补色对比呈现出强烈的视觉效果，即色彩视觉效果的强对比。

冷色与冷色的色相对比（图 2-31），如蓝与绿、蓝与紫；暖色与暖色的色相对比，如红与橙、黄与橙，二者较为接近，对比不那么强烈，会呈现出较弱的视觉对比效果（又称类似色），即色彩视觉效果的弱对比。

红与绿

蓝与桔

紫与黄

图 2-30　冷色与暖色的对比

冷色与冷色的对比

暖色与暖色的对比

图 2-31　类似色的对比

图 2-32　色相对比弱的服饰用色　　　　图 2-33　色相对比中等的服饰用色　　　　图 2-34　色相对比强的服饰用色

色相对比的服饰用色如图 2-32 至图 2-34 所示。

2.　明度对比

明度对比即色彩明、暗关系的对比。当色彩明度色阶相差远，亮色与暗色之间反差大时，会呈现出强烈的视觉效果，即视觉效果的强对比，如黑与白、深紫与浅紫搭配；当色彩的明度色阶相差近、反差小时，会呈现出较弱的视觉效果，即色彩的弱对比，如黑与深蓝、粉蓝与白搭配。

明度对比表格（图 2-35）。

图 2-35

明度对比的服饰用色如图2-36至图2-38所示。

3. 纯度对比

纯度对比即色彩鲜艳与浑浊的对比。高纯度的色彩鲜艳亮丽，具有强烈的视觉冲击力，即视觉效果的强对比（图2-39）；中纯度的色彩具有二者之间的中对比效果（图2-40）；低纯度的色彩低调温和，具有柔和的视觉效果，即视觉效果的弱对比（图2-41）。

纯度对比的服饰用色如图2-42至图2-44所示。

图 2-36　明度对比强的服饰用色

图 2-37　明度对比中等的服饰用色

图 2-38　明度对比弱的服饰用色

图 2-39　高纯度的色彩具有强烈的对比效果

图 2-40　中纯度的色彩具有适中的对比效果

图 2-41　低纯度的色彩具有弱的对比效果

图 2-42　高纯度强对比的服饰用色　　　　　图 2-43　中纯度中等对比的服饰用色　　　　　图 2-44　低纯度弱对比的服饰用色

　　如图 2-45 为强对比的色彩：（1）色相冷暖对比；
（2）明度对比中亮的颜色和暗的颜色的对比；（3）纯
度对比中高纯度的色彩。

（1）色相冷暖对比

（2）亮色和暗色的对比

（3）高纯度的色彩

图 2-45　强对比的色彩

　　如图 2-46 为弱对比的色彩：（1）色相对比里面
的类似色；（2）明度对比中色彩明暗程度比较接近的色
彩；（3）纯度对比当中的低纯度色彩。

（1）类似色

（2）明暗程度接近的色彩

（3）低纯度的色彩

图 2-46　弱对比的色彩

在色相对比中，既然有强对比，也有弱对比，那什么人适合穿戴对比强烈的对比色衣饰，什么人适合穿戴对比弱的类似色衣饰？这里面大有学问。了解不同色彩搭配所产生的视觉效果，有助于更好地掌握穿衣用色之道。

4. 服饰色彩的强弱对比

通过对色相、明度、纯度之间的强、中、弱对比分析，可以很明确地知道什么是强对比的色彩，什么是中对比的色彩，什么是弱对比的色彩。将色彩赋在服装和饰品之上，其对比的强弱需要与型、面料、图案综合起来进行判断。

色彩对比的服装及配饰如图 2-47 至图 2-49 所示。

近些年经常出现"撞色"这个词，但大部分人都无法精准地表述出撞色的含义，以为只要色彩不同就是撞色。撞色是指高纯度的对比色或补色搭配，例如高纯度的绿色与红色、蓝色与橘色、紫色与绿色等三组补色对比，具有强烈的色彩对比效果，抑或是鲜艳的红黄蓝、绿紫橙等对比色对比，这些色彩产生的强烈的视觉效果俗称"撞色"（图 2-50 为两组撞色搭配的示例）。了解色彩的对比关系，能够更好地指导穿衣用色。

在翻阅时装杂志时，会发现设计师喜欢选择肤色较深的黑人模特穿着色彩鲜艳的衣服，而选择肤色较浅的白人模特穿着有灰度的衣服。其实，这都源于色彩对比度带来的不同视觉效果。

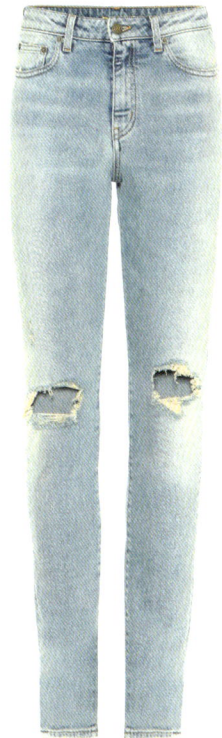

图 2-47　色彩强对比的服装及配饰　　图 2-48　色彩中对比的服装及配饰　　图 2-49　色彩弱对比的服装及配饰

图 2-50　撞色搭配

二、人体色的特征

学习了色彩基础知识，对色彩对比关系有了一定程度认知后，如何运用色彩专业知识来指导穿衣打扮才是大家最为关心的问题。任何色彩都不是孤立存在的，一件衣服穿在身上就会与人的肤色、毛发产生对比。要使人的肤色和衣着色彩产生和谐效果，就需要对人的肤色有一个基本了解。

相信许多人都有这样的经历：同样色彩的服装，穿在甲身上很好看，穿在乙身上就不好看了；同样色彩的粉底，涂抹在别人脸上很好看，涂抹在自己脸上就不对劲了；同样的金饰，有的人戴着很好看，有的人戴着就不是那么回事了。其实，这是因为服饰穿戴在不同肤色的人身上，粉底涂抹在不同肤色的人脸上，色彩与不同体形和肤色产生了对比的效果。穿用适合的色彩，人的脸色看起来会很健康，而且精神饱满，或许还能利用色彩带来的视错觉掩饰身材的不足。穿用不适合的色彩，人反而会变得脸色不佳，缺少活力。有时，自己喜欢的色彩并不一定是适合自己的，但许多人不曾意识到这一点。因此，对自己的肤色和体形有一个正确的了解、判断，再加上对色彩专业知识的学习和美感的认知，面对商场里琳琅满目、五颜六色的服装、化妆品、饰品，便不会再一脸茫然，无法选择了。

普遍认为，中国人的特征是黄皮肤、黑眼睛、黑头发，其实这只是对中国人外貌特征的笼统描述。如果仔细观察周围的人，就会发现，虽然同是中国人，但每个人的皮肤、头发、眼睛、眉毛的色彩都有区别：同为黄皮肤，有的偏黑，有的偏白，有的泛青灰，有的泛红；同是黑头发，有的偏黄，有的偏灰；同是黑眼睛，瞳孔的颜色也有深浅变化。这些微妙的变化正是每个人区别于他人的特征，也是寻找适合自身穿着色彩的关键。从何分辨这些特征的细微变化，正是通过学习色彩专业知识要解决的问题。

人体色包括了肤色、毛发、唇色及眼睛（瞳孔）的色彩，其中，占最大面积也最重要的是皮肤的色彩。掌握人体肤色特征，是正确指导每个人着装用色、配色的依据。

人体肤色特征同样具有色彩三要素的特性，有色相、明度、纯度的变化。

（一）人体肤色色相

人体肤色色相指的是肤色的冷暖。虽然黄种人肤色以黄色为基调，属暖色系，但冷暖是相对的，不是绝对的。黄皮肤也同样有冷暖的区别：皮肤偏黄或偏橘红的，属于偏暖的肤色；皮肤泛青灰的，属于偏冷的肤色。

1. 冷基调的黄皮肤

泛青，或黄至泛青灰的肤色，例如小麦色、古铜色、橄榄色（图 2-51）。

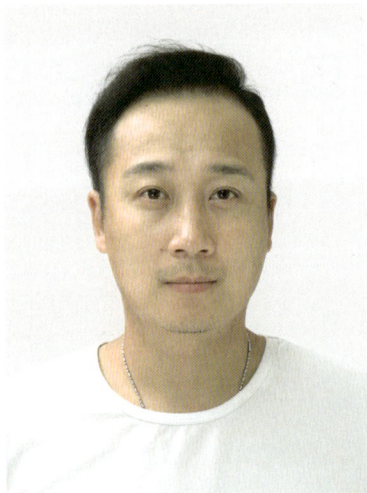

2. 暖基调的黄皮肤

偏黄或偏红的肤色，如象牙色、黄橙色、咖啡色（图 2-52）。

图 2-51　冷基调的黄皮肤

图 2-52　暖基调的黄皮肤

（二）人体肤色明度

对于肤色的形容，人们多半以黑一点、白一点来分辨，常说的这个人很白，那个人很黑，指的是肤色明度关系的变化。偏暗、偏黑属明度较深的肤色，偏白、偏亮属明度较浅的肤色。人体肤色明度指的是肤色的黑、白程度。

1. 高明度（浅色）基调

偏白或偏亮的肤色（图2-53）。一般来说毛发和眼珠的色度会淡些。

2. 低明度（深色）基调

偏黑或偏暗的肤色（图2-54）。一般来说毛发和眼珠的色度会深些。

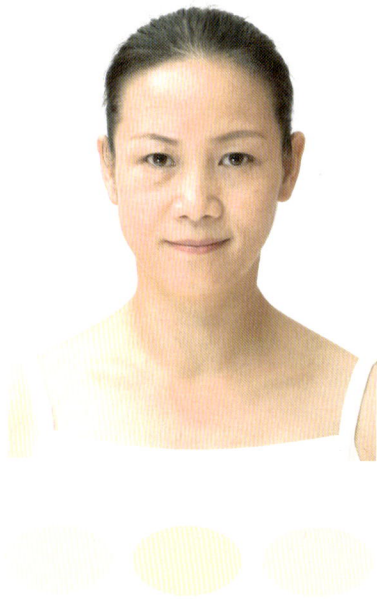

图 2-53　高明度的肤色

图 2-54　低明度的肤色

（三）人体肤色纯度

纯度是指色彩鲜艳和浑浊的程度，单从色彩的属性看人的肤色，看不出纯度的明显变化，所有黄皮肤的人色彩纯度属性几乎都在同一个范围内，很难区别。在形象设计领域，纯度并非指直接看到的色彩属性，而是指皮肤的质感，即皮肤是轻薄透明，还是密实紧致的程度。低纯度肤质表现为皮肤较薄，晶莹剔透，面部较易泛红印；高纯度肤质表现为密实紧致，给人厚重感，光泽度较强，几乎看不到毛细血管，脸部不易泛红印。皮肤纯度较之色相、明度更难识别。

1. 低纯度基调

透明、轻薄的肤质（图2-55）。这种肤质的人一般眼神较为灵动。

2. 高纯度基调

紧致、密实的肤质（图2-56）。这种肤质的人一般眼珠较黑，眼神沉稳或犀利。

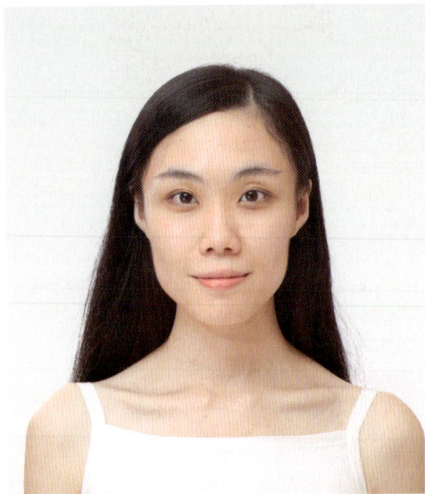

图 2-55　低纯度的皮肤

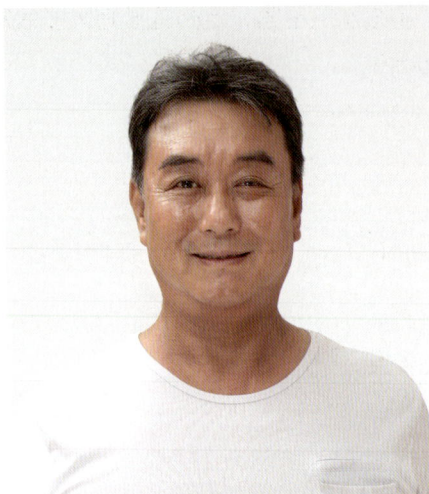

图 2-56　高纯度的皮肤

（四）人体肤色的对比度

两种以上的色彩搭配在一起，会产生不同的对比效果，人因其肤色、毛发、眼珠色彩的不同，也会呈现出不同的对比效果（该对比效果与前章所述型的量感有相似之处）。

1. 强对比的人

强对比的人眉眼深，眼珠、毛发色彩浓重，五官在脸上占的比例大，脸部轮廓结构清晰（图2-57），与重量感的人有相似之处。这类人在人群中容易吸引别人的目光。一般舞台演出或是在各种选美活动中，强对比的人因其五官轮廓深，较易在人群之中凸显，给人留下深刻印象。这也是为什么有的人在台下好看，

图 2-57　强对比的人

去参加选美比赛却得不到好名次；而有的人在台下未必好看，可是比赛却能取得好名次的原因之一。一般说来，强对比、重量感的人较适合上舞台。我们熟知的许多大牌明星都拥有强对比、重量感的五官，走秀的模特大多会从此类人中选择。

2. 中对比的人

中对比的人五官的对比度介于强对比和弱对比之间（图2-58）。

3. 弱对比的人

弱对比的人眉眼对比弱，眼睛、毛发色彩通常浅淡一些，五官在脸上占的比例小，脸部轮廓柔和，在人群中不显眼（图2-59）。化妆可以加强其对比度，这也是为什么上舞台演员都需要化浓妆，因为舞台的灯光很强，眉眼浅淡的人在强光的照耀下，五官会模糊不清，强调式的浓妆可以加强五官对比度，呈现出亮丽的效果。

图 2-58　中对比的人

图 2-59　弱对比的人

三、人体肤色与服饰色彩的和谐之道

俗话说，"一白遮十丑"。基于此传统审美的认知，市面上许多美容院、化妆品都围绕着"美白"做文章。在很多人眼中，人只要长得白就美了。尤其亚洲女性大多以白为美，商场中化妆品专柜美白产品比比皆是，美容院每逢夏季推出的美白套餐深受众多女性喜爱。这些商家强调肤色白才是美的，仿佛只要白了就美了，如此一来，一些皮肤偏黑的朋友们变得不自信了，仿佛肤色黑的人完全"无美"可言了。其实，在专业形象设计师眼里，一个人的肤色不论黑白，只要健康而富有光泽就是美的。如果您天生就是黝黑的肤色，那么请不要盲目美白。白皮肤不是评判美的唯一标准，任何肤色只要选对了适合自己的色彩，都能穿出靓丽时尚的自我。明星中诸如古天乐、韦唯、吉克隽逸、张惠妹，他们肤色黝黑，却拥有浑然天成的健康阳光之美，这种美极具个性。

色彩的美感多种多样，皮肤的美感也是多种多样的，找到了与之搭配相适应的色彩，就能创造出神奇的效果。懂得了色彩和肤色的搭配规律，你会发现每一个人适合的色彩不是少了，而是变多了。因为无论红、橙、蓝、绿、紫还是其他色彩，都有深浅、冷暖、鲜艳浑浊的变化。请相信，每种色彩与不同的色彩搭配，都会产生不一样的视觉效果。

在美国好莱坞大片中，明星穿着的服饰色彩大多是深浅不一的灰调子。好莱坞大片体现的是西方文化，演绎的是欧美人的生活。欧美人属于白种人，皮肤轻薄透明，适宜穿戴色彩对比较弱和灰色调的服饰。在时尚杂志中，常能看到大凡是强烈撞色的搭配，多会选用黑人模特，黑种人皮肤紧致密实，适宜穿着色彩纯度高、对比强烈的服饰；黄种人则较多选择穿戴中明度中纯度色彩的服饰。为什么会这样呢？美国心理学家卡洛尔·杰克逊女士通过研究色彩对人的肤色产生的效果，提出了目前在形象设计领域广泛运用的"四季色彩论"，很好地解读了上述现象。"四季色彩论"将人的肤色根据色相、明度、纯度，划分为春、夏、秋、冬四季。根据色彩和谐理论，同种或类似的色彩更容易搭配协调，无排斥感。每个人都可根据自己的肤色及眼睛、头发色彩的特质，划归某一类型，从而确定适合自己的色型，并找到与之相匹配的服装和彩妆用色。这一形象设计领域内的色彩理论体系的创立与推广，帮助普通人群消除了购衣选色时犹豫不决、举棋不定，摆脱了穿戴衣饰时难以把握、无法抉择的困境，实现了人的自我重塑，让每个人都有理由相信：我是最美的。

服装和饰品色彩的选择，可根据色彩学知识来确定。很多人喜欢佩戴金、银这两种材质的首饰，冷基调肤色的人适合戴银色、白金色首饰，暖基调肤色的人更适合戴黄金色、玫瑰金色的首饰。对肤质色彩有一定的认知之后，选择色彩的范围也会越来越宽广。

相似或相近的事物放置在一起，容易和谐，同样的道理，同种类型的色彩搭配在同种肤色和同种对比度的人身上，较易取得和谐效果。反之，色彩与肤色、对比度不协调的色彩关系反差特别大，难以搭配，也不容易产生和谐感。例如，弱对比肤色的人穿了强对比的色彩，人就会淹没在色彩之中而失去本质的光彩；冷肤色的人穿了暖色，脸就会黯然失色。因此，仔细分辨每个人所属的色彩季节类型，找对服饰用色，就使打造多变的形象成为可能。

（一）肤色的四种类型

根据四季色彩理论，人的肤色可以分为四种典型类型：春季型、夏季型、秋季型、冬季型。

1. 春季型——浅淡的暖基调肤色

（1）人体色特征：肤色白皙，如浅象牙色，皮肤细腻而又有轻薄透明感，肤质纯度较低。脸颊易呈现出较多的珊瑚粉或桃粉色红晕，部分人会有雀斑；眼珠呈现棕黄或棕色，眼神明亮轻盈或灵动。发色多为如绢般的茶色或柔和的棕黄色，也有部分黑发（图2-60至图2-62）。

图 2-60　模特原型　　　　　图 2-61　不适合的色彩　　　　　图 2-62　适合的色彩

（2）最佳用色：该类型适合中低纯度，柔和偏暖的浅淡色，以及中高纯度，高明度偏暖的明亮色。

浅淡的暖基调肤色的人适合的各种色彩（图2-63）。

（1）红色

（2）橘色

（3）黄色

（4）绿色

（5）蓝色

（6）紫色

图 2-63

（3）浅淡的暖基调肤色的女士适合的服饰用色实例（图 2-64）。

图 2-64

（4）浅淡的暖基调肤色的男士适合的服饰用色实例（图 2-65）。

图 2-65

2. 夏季型——浅淡的冷基调肤色

（1）人体色特征：肤色呈白皙的乳白色或米白色，皮肤没有春季型人的肤色那么透明，肤质纯度较低。脸颊易呈现偏玫瑰色的红晕；眼珠较春季型深些，眼神轻盈或温婉。发色偏灰黑（图2-66至图2-68）。

图2-66　模特原型

图2-67　不适合的色彩

图2-68　适合的色彩

（2）最佳用色：该类型适合低纯度，柔和而带冷味的浅淡色；也适合中高纯度，明亮而带冷味的色彩。

浅淡的冷基调肤色的人适合的各种色彩（图6-69）。

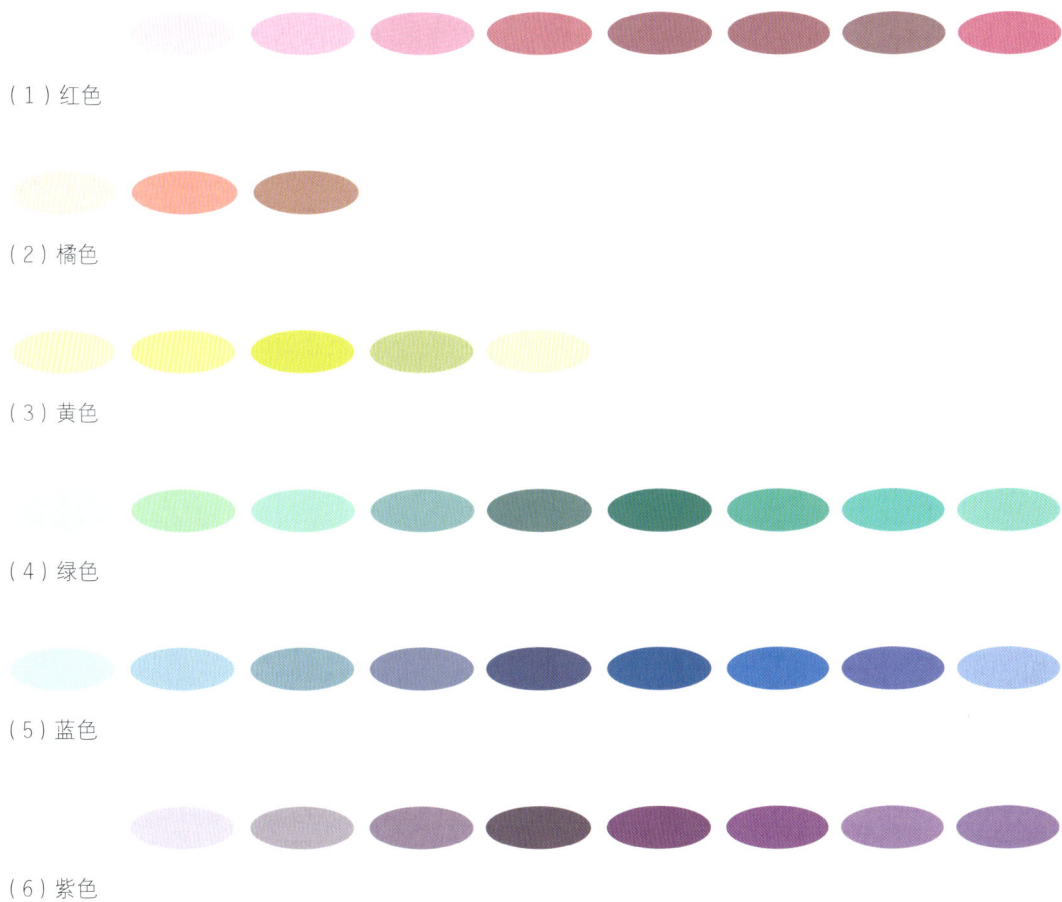

（1）红色

（2）橘色

（3）黄色

（4）绿色

（5）蓝色

（6）紫色

图2-69

（3）浅淡的冷基调肤色的女士适合的服饰用色（图 2-70）。

图 2-70

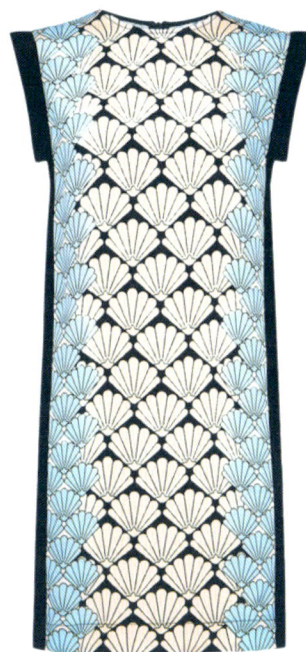

（4）浅淡的冷基调肤色的男士适合的服饰用色（图2-71）。

图2-71

形象美学

图 2-72　模特原型

图 2-73　不适合的色彩

图 2-74　适合的色彩

　　有的人肤色适合浅淡的色彩，但身材较胖，穿上颜色浅淡的服饰会更显胖。其实在色彩三要素中，对于穿衣打扮影响最大的是色相，其次是才是明度和纯度。如果身材较胖，皮肤属性是浅淡的基调，可以在选对冷暖基调的基础上，把明度降下来，选用暗一些或纯度低一些的色彩，起到收缩的作用，便不会那么显胖了。

2. 秋季型——深沉的暖基调肤色

　　（1）人体色特征：肤色匀整，色泽偏橘，无透明感，肤质密实，肤质纯度较高。不易出现红晕，肤色偏深，也有少部分人肤色呈瓷器般浅象牙色；眼珠呈深棕色、焦茶色，眼白呈暖白色；眼神或沉稳，或犀利；发色呈现有光泽感的棕色、深褐色（图 2-72 至图 2-74）。

（2）最佳用色：金色、姜黄、橄榄绿、土红、土黄、咖啡色、深褐色等浓郁而温暖的色彩。
深沉的暖基调肤色的人适合的各种色彩（图2-75）。

（1）红色

（2）橘色

（3）黄色

（4）绿色

（5）蓝色

（6）紫色

图2-75

（3）深沉的暖基调肤色的女士适合的服饰用色（图2-76）。

图 2-76

（4）深沉的暖基调肤色的男士适合的服饰用色（图2-77）。

图 2-77

4. 冬季型——深沉的冷基调肤色

（1）人体色特征：肤色呈泛青的冷色，明度偏深的较多，少部分呈白皙色调；皮肤密实不易出现红晕，肤质纯度较高。眼珠呈深棕色或黑色，眼白呈冷白色；眼神对比强烈；黑色或偏冷的棕色头发，毛发较浓密（图2-78至图2-80）。

图 2-78　模特原型　　　　　　　　图 2-79　不适合的色彩　　　　　　　　图 2-80　适合的色彩

（2）最佳用色：深沉的带有冷味的色彩。黑、灰、深蓝、深紫是此种肤色人群的最佳用色。

深沉的冷基调肤色的人适合的各种色彩（图2-81）。

（1）红色

（2）橘色

（3）黄色

（4）绿色

（5）蓝色

（6）紫色

图2-81

（3）深沉的冷基调肤色的女士适合的服饰用色（图 2–82）。

图 2-82

（4）深沉的冷基调肤色的男士适合的服饰用色（图2-83）。

图 2-83

在秋、冬季型肤色中，也有少部分人皮肤紧致密实，但肤色较白的，选择的色彩可比深沉的冷、暖基调肤色稍浅淡一些即可。

在浅淡和深沉、冷和暖、肤质紧致与密实之间，还存在各项指标都处于中间的肤色。处于中间色彩的人，选择范围更广泛，他们适合暖色中偏冷的色彩、冷色中偏暖的色彩，中明度、中纯度的色彩。在影响穿衣用色的色彩三属性中，按重要程度排列依次为色相、明度、纯度。色彩的综合运用除专业知识外，还需依个人需要和场合而定。

（二）人体脸部特征与服装色彩对比度

当懂得怎样选择适合自己肤色的色彩后，接下来还会遇到新问题：服装除了全身一色的套装外，还有上下装、里外装以及图案颜色的搭配。怎样才能将这些细微环节处理得当？前面的色彩基础知识章节中讲到，色彩对比视觉效果有强、中、弱之分，而人脸部的对比感也同样存在强、中、弱之分。根据色彩和谐理论，肤色与眼睛、嘴唇、毛发色彩反差大，会形成强对比的视觉关系，此类人适合穿着色彩对比强烈的服装；而肤色与眼睛、嘴唇、毛发的色彩反差小，会形成弱对比的视觉关系，此类人适合穿着色彩对比柔和、色调类似的服装。此项与上一章"型"中介绍的分辨重的量感与轻的量感有相似之处。

1. 强对比的人适合的色彩搭配

强对比的人眉眼色深，眼珠、毛发色彩浓重，五官在脸上占的比例大，脸部轮廓深。这类人在人群中容易吸引别人的目光。强对比服饰有一种强烈的视觉冲击力，如高纯度、冷暖对比、明度反差大的色彩对比（图2-84）。

图 2-84　强对比的人适合的服饰色彩搭配

2. 中对比的人适合的色彩搭配

中对比的人眉眼有一定的对比度，眼珠、毛发色适中，五官轮廓在脸上占的比例适中。中对比的服饰有一种平稳之感，适合中对比的色彩，如中纯度、中差色、明度反差适中的色彩对比（图2-85）。

3. 弱对比的人适合的色彩搭配

弱对比的人眉眼浅淡，眼珠、毛发色浅，五官在脸上占的比例小。弱对比的服饰给人一种含蓄而淡淡的雅致之感，如低纯度、类似色、明度反差小的色彩对比（图2-86）。

图 2-85　中对比的人适合的服饰色彩搭配

图 2-86　弱对比的人适合的服饰色彩搭配

在色彩的选择上，还常出现这样的情况，有些人日常穿戴服饰会特别偏好某一种色彩。例如，有的女性非常喜欢粉红色，几乎所有的衣服和日常用品都是粉红的。如果碰巧所喜欢的色彩正是适合自己肤色特征的，那就最好，如果喜欢的色彩恰恰是不适合自己的，怎么办呢？通常有两种解决办法：一是忍痛割爱，改变自己固有的观念，重新做出选择，尝试接受自己不喜欢但特别适合自己的色彩，因为穿上这个色彩，会让穿着者看起来神采奕奕、美丽大方，但关键在于要先过自己的心理关，或许开始极不适应，需要一个痛苦的适应过程，这个过程的长短因人而异；二是依然墨守成规，选择穿戴自己喜欢但不适合自己的色彩，如此，内心或许会很满足，但在别人看起来，你就不是那么漂亮了。怎样在二者之间寻找到平衡，是现实生活中许多人需要正视与面对的问题。在美的领域里，思想观念至关重要，人的观念、学识、见识会指导人的行为，而人的行为又最终决定人的形象呈现的效果。因此，形象美学知识能带来多少改变，完全取决于个人内心对美的渴望程度和对新鲜事物的接纳程度。这些内心活动会不知不觉地流露于个体的一言一行中，形成无形的气场。

四、服饰美的配色原理

任何色彩都可以搭配，但对于追求视觉美感的服装来说，色彩和谐是配色的最终目的。著名色彩学家奥斯特瓦尔德曾经说："效果使人愉悦的色彩组合称之为和谐。"根据色彩三要素和色彩强弱的对比变化可以得出一些规律，人们可以根据这些规律搭配出更和谐的色彩组合。

绘画作品的色彩美讲究的是"调子"和谐，整幅画作要有一个统一的"调子"。在形象色彩领域也一样，即在一个整体形象中出现的几种色彩的色相、明度、纯度，三者要有其一不变或相近，其余二者改变，这样搭配出来的效果既统一和谐又富有变化。对比属于变化的，而相同或相似则是统一的；对比是动态的，而相同或相似则是静态的，动静合一构成美的节奏与韵律。

（一）色相和谐法

色相和谐法即色相相同或相近，明度、纯度改变的色彩搭配方法。用色相去将所有的色彩联系起来，从而达到统一和谐的效果。比如所有的色彩都统一在一个橘色调里面，但明度和纯度是变化的，有浅一点低纯度的橘色、深一点低纯度的橘色，也有中明度高纯度的橘色（图 2-87）。

（二）明度和谐法

明度和谐法即明度相同或相近，色相、纯度改变的色彩搭配方法。用明度去将所有的色彩联系起来，从而达到统一和谐的效果。比如说红色和绿色，事实上看到很鲜艳的红和鲜艳的绿都是色相的变化，但是明度是接近的，通过明度配合起到了统一和谐的作用。如图 2-88，上装灰蓝色与下装黄色的色相一冷一暖有变化，但二色的明度是几乎一样的。

图 2-87 色相和谐

图 2-88 明度和谐

（三）纯度和谐法

纯度和谐法即纯度相同或相近，色相、明度改变的色彩搭配方法。用纯度去将所有色彩联系起来，从而达到统一和谐的效果。即整套服装全部采用鲜艳的色彩或者全部采用灰调子的搭配。当然，鲜艳的色彩里也要有明暗关系

变化，灰色调里也要有明暗关系变化。如图2-89，上装的绿色和下装的橘色纯度相近，色相一冷一暖，上衣的明度比裤子的明度高一些。如图2-90，上下装均为低纯度色彩，但二者明度差距较大。

图 2-89 高纯度和谐

图 2-90 低纯度和谐

（四）有彩色和无彩色搭配和谐法

　　黑、白、灰等无彩色既没有明确的冷、暖区分，也没有纯度区别，属于中性色，与任何色彩搭配均容易取得和谐的效果。如果想整个调子亮起来，可选择用白色搭配有彩色。如果不想产生强烈的对比效果，可以用灰色搭配有彩色。如果想让色彩变得沉稳，可用黑色与有彩色搭配。所以，在不太了解色彩搭配规律时，黑、白、灰是在穿衣配色上取得和谐统一的最佳搭档。

（五）色彩面积大小和谐法

　　除了上述所讲的美的配色原理，在进行色彩搭配时还应注意各色之间面积大小的关系，这种对比与色彩自身属性无多大关系，但从色彩感觉的心理因素来说，两种或两种以上色彩之间应该有多大色量比例才能使人的视觉舒服，取得和谐，是在配色时需要考虑的。如果一身装扮中所有色彩都占同样面积，则会显得无韵无章；有多有少，有主有次，层次分明才是明智的搭配方法。犹如一部影视剧作品，有主角、配角、群众演员一样。进行多色搭配时，最好以一两个色为主调，面积大些，其余为副色或点缀色，这样搭配起来才会主次分明，达到视觉和谐的效果（图2-91）。

图 2-91　色彩面积大小和谐法

（六）色彩的呼应

除了服装本身的色彩，还有服饰图案色彩、染发用色、彩妆用色、配饰用色、上下装、内外装的搭配色彩。色与色之间需要有联系，即达到"你中有我，我中有你"的相互呼应，色彩才能产生平衡。

1. 图案与服装色彩的呼应

每一年时尚舞台除了服装款式、色彩的流行变化，图案也伴随服装流行一同变化，在配用时，也有章法可循。一般情况下，最好不要轻易尝试浑身上下都有图案的衣装（连衣裙除外），尤其不要选择上下装为不同图案的搭配。比如上衣是土黄色豹纹，下装是翠绿色格子；穿了件红花的外套，却配条咖啡色条纹的裤子；穿着格子西装外套，却配了条写实花开纹的领带……这样的图案和色彩搭配，若非时尚达人，最好不要贸然选用，容易引起视觉错乱。但遗憾的是，目前大街上这些现象比比皆是。或许有人会说现在不是流行混搭吗？但这种搭配方式并非混搭，实为乱搭，是一种毫无章法、没有格调的乱搭配。没有把握时，不要轻易尝试浑身多个地方有不同图案，最保险的选择是全身只有一样服饰是有图案的，其余均为素色，而所选的素色最好是所配图案颜色中的一种，这样才能相互呼应，又和谐统一。

图案与服装色彩呼应的搭配方法有外花色内单色，外单色内花色，单色是花色中的一种颜色（图2-92）；上花色下单色，上单色下花色，单色是花色中的一种颜色（图2-93）。这里指的花色代表了一切除素色之外的图案，包括花卉、格子、条纹、圆点、动物纹、火腿纹、电脑抽象图案等。

图 2-92 内外装花色与单色的呼应

图 2-93 上下装花色与单色的呼应

2. 配饰与服装色彩的呼应

两件套或三件以上搭配的服装，色彩之间更需要有呼应。作为起装饰作用的鞋、包、帽、首饰，更需要与服装色彩相互呼应。例如，领带的色彩应与衬衫或西服当中的某一种色彩相呼应；围巾的颜色最好是上下装色彩当中的一种；选用的包，色彩要么跟服装的色彩产生对比，要么与服装的色彩保持一致（图2-94）；帽子的色彩与上衣的色彩相同或接近为宜。如果是要体现时尚感或是要搭配出碰撞的效果，也可选择与上衣形成对比的色彩，比如穿着绿色的上衣搭配红色的帽子，当然，这种强对比的搭配只有对色彩知识已经烂熟于心，并轻松玩转色彩的人才能掌握。

在现实生活中，很多人需要穿着工装或正装上班，而工装或正装多为深蓝色或灰黑色，色彩较为深沉、单一，有可能其色彩与人的肤色不那么和谐，这时可以通过选搭适合自己色彩的领带、衬衫、围巾、眼镜等靠脸比较近的配饰来进行调整。因为脸在整体形象当中处于视觉中心位置，也是裸露面积较大的部位，因此，领口附近的色彩搭配比其余部分重要。在所有配饰中，男人的领带和女人的围巾是装饰物中最重要的，搭配好了能产生画龙点睛的效果。

图 2-94　配饰与服装色彩相呼应

3. 不同的搭配方式可以呈现出服装的层次感

着装的多变，不在于拥有服装件数的多少，而在于是否有智慧和能力通过服装的组合，让服装物尽其用，每一件衣服都可以最大限度地发挥其应有的作用。有的人有很多衣服，但还总觉得衣服少，而有的人服装并不是很多，却能通过搭配得出多变的效果，以最合理的方式，发挥最大的投资回报率。图2-95 为十件衣服搭配出的十几种视觉效果。

图 2-95

4. 染发用色

近年来，染发已成为一种时尚、潮流趋势。同样的染发色，因每个人发色和肤色的不同，有人染发后让人眼前一亮，十分好看，而有人染发后却很不好看。要知道，并不是每个人染发后都会变得好看，尤其将头发染成金色、银色等浅色，除非是要经常上台表演强调个性的艺人，否则，作为普通大众，顶着一头金发或白丝，尤其在不化妆的状态下，这样的发色会将肤色衬托得暗沉而不健康。请记住色彩和谐理论，同种或相似的色彩搭配较易和谐，因此需慎选染发的颜色：深沉的肤色不适合染太浅的发色；浅淡的肤色不适合染纯黑的发色；偏冷基调的肤色不适合染太暖的发色；偏暖基调的肤色不适合染偏紫色、蓝灰的发色。染发时，应多选择与自己肤色色相相似的色彩。

5. 彩妆用色

彩妆色彩将直接附着在脸部的皮肤之上，因此，彩妆用色比服饰用色更显重要。通常，选择与自己肤色相似或稍浅一度的粉底、散粉作为底妆用色，再根据服装的色彩选择类似色的眼影、口红、腮红。购买彩妆品之前，要先看自己衣橱中什么色彩的服装最多，比如说蓝紫色系服装偏多，那么在购买眼影、口红和腮红的时候，应该挑选偏玫瑰红或者偏酒红的冷基调的红色（图2-96）；而如果大多数是暖基调的橘色、姜黄、橄榄绿、砖红等服装，那就可以选择偏橘或偏咖啡色俗称大地色系的彩妆（图2-97），妆面的色彩与服装色彩和谐统一能给人留下深刻的色彩印象。

图 2-96　冷基调的彩妆用色

图 2-97　暖基调的彩妆用色

（七）面料质地与色彩

面料质地也会对色彩产生影响，如同样是红色，在棉布上显得质朴无华，而在丝缎上则显得华丽光鲜。面料质地种类繁多，呈现出来的效果也各不相同，近年的服装流行趋势中强调多种不同材质组合的特殊肌理效果。提升装扮品位，要综合分辨面料材质和色彩，在搭配时注意运用统一与变化这一美的规律。

1. 同色不同质

如果一身都是同一个颜色，比如黑色外套，黑色内搭、黑色裤子、包包、鞋子，色彩很统一，但也会因过于统一而缺乏变化和生气。不同材质的介入，如硬质与软质、有光泽感的和哑光的、透明与不透明的不同材料搭配，层次更丰富，在统一的黑色中多几分质地的变化（图2-98）。

图 2-98　同色不同质

2. 同质不同色

如果是相同材质的服装（西服套装除外），最好上下装、内外装的色彩要有变化，否则一身同色又同质的衣装会使人显得呆板、缺少生气（图 2-99）。

（八）面料肌理与肤质

面料除质地外，还要注意因不同织法与后整理而形成的表面肌理效果，即面料表面是光滑的还是粗糙的，是平整的还是凹凸不平的。肌理效果对应的是脸部皮肤的光滑程度，如果脸部的皮肤比较光滑，可选择表面肌理效果精致、光滑、平整的面料；如果脸部的皮肤较为粗糙，则可选择表面比较粗糙的材质。如果脸部粗糙而又选择了光滑效果的面料，则脸部的粗糙感会在光滑面料的映衬下显得更加粗糙。

五、色彩的错视——巧用色彩弥补身材的不足

在现实生活中，无论是为人熟知的明星大腕，还是鲜为人知的普通大众，绝大多数人都对自身体形不满：有的人抱怨自己腰太粗，有的人抱怨自己胸太小，有的人抱怨自己腿太粗，有的人抱怨自己脖子短……拥有完美体形的人少之又少。相信大家都有这样的经历，今天穿这件衣服，明天换了一套，就有人评价自己胖了或瘦了，其实只有自己知道，两天之中，体重没有发生太大的变化，这只是服装色彩变化导致的视错觉。款式相近但色彩不同的服装，会产生胖瘦不同的错觉效果，这是色彩的色相、明度、纯度给人带来的不同心理感受。了解服装版型、面料、色彩，就可以巧妙地利用色彩产生的视错觉来弥补、掩饰身材的缺陷与不足，给人留下一种身材完美的印象。

（一）色彩的膨胀与收缩

现今时代，以瘦为美，许多人希望自己越瘦越好，尤其是女性。对于易胖体质的人来说，减肥或许是他们终生的课题。虽然服装版型和色彩不可能令身材浑圆的人瞬间变苗条，但巧妙地利用色彩的错视，让身体"瘦掉"十斤不是没有可能的。有一个词叫热胀冷缩，即暖色、亮色、高纯度的色彩有膨胀的感觉，如鲜艳的红、橙、黄、绿或浅蓝、浅紫、粉红、粉绿等，这些色彩容易让人显胖（图 2-100）；而冷色、

图 2-99　同质不同色

图 2-100　有膨胀感的色彩

图 2-101　有收缩感的色彩

暗色、低纯度的色彩有收缩的感觉，如黑、深蓝、深紫、深灰等，同种材质的情况，穿着这些色彩的服装会显瘦（图 2-101）。身材纤瘦的朋友在选择服装色彩时，可以在色相（即冷暖）适合的基础上，将明度提高些；身材较胖的朋友在选择服装色彩时，可以在色相（即冷暖）适合的基础上，将明度稍降一些，以此获得较好的视觉效果。

有的人上半身特别丰满，四肢瘦弱，在这种情况下，若上半身穿着膨胀感的色彩则会显得更胖，下半身穿着有收缩感的色彩则会显得更瘦，影响视觉平衡。这时，应该把两种色彩倒置过来，即上半身穿着有收缩感的色彩，下半身穿着有膨胀感的色彩，如此，视觉上才能起到很好的平衡作用。这仅单纯针对色彩而言，当然，要想穿出修身的效果，需要综合运用"型"和材质

图 2-102　硬朗的色彩和材质

图 2-103　柔软的色彩和材质

的知识，如马海毛、羽绒等蓬松类材料，或棒针毛衫、大廓型的服装，就算是深色、冷色也会给人膨胀的感觉。比较贴身和有悬垂质感的材料会给人收缩的感觉。色彩的膨胀与收缩是指在相同材质情况下给人带来的感受。

（二）色彩的硬和软

一些像石头和钢铁一样低明度的色彩，如灰黑、深蓝，是硬朗、坚强的色彩，职场谈判的时候可以穿着硬朗色彩的服装，强调严谨、强势、理性的态度（图 2-102）；像棉花糖、冰淇淋常用的如粉红、粉黄、粉紫等高明度的暖色，是温和、柔软的色彩，与朋友约会、家庭亲子活动或是需要强调关心、关怀的时候就可以选择相对柔软的色彩（图 2-103）。当然，色彩的柔软与硬朗同样也与面料的质感有很大关系。

六、关注时尚，善用流行色

真正的时尚，代表的是一种健康的生活方式，传递的是一种积极向上的生活态度，它渗透在衣食住行、语言表述，乃至情感表达等生活的方方面面。现代生活，追求色彩美是一种时尚。每隔一段时间，当某些色彩被赋予时代精神，并符合现代人的兴趣爱好、审美情趣时，这些色彩就会在色彩学专家的讨论遴选下，通过国际流行色协会等专业权威机构，通过时尚产品制造商、新媒体、杂志、电视、网络等媒介，以各种流行资讯的形式传播开来，或是在明星大腕、演员模特、时尚人士的共同演绎下流行起来，使得普通大众受到感染，纷纷效仿，这些色彩就成了流行色（图2-104）。

许多普通消费者对流行色存在误解：认为流行色只是一两种色彩，比如，今年流行橘色，明年流行绿色。其实，流行色绝非仅指单纯具体的一两种色彩，它是色彩产生的灵感概念以及色彩之间的搭配关系，或是某一色调的情境氛围。例如，2012年春夏流行色非常清新，所有的色彩搭配都散发着田园般的气息。到了2013年春夏，流行色变得艳丽无比，各种荧光、鲜艳的红、黄、蓝、紫等鲜亮色应有尽有。到了2016年，荧光色又几乎销声匿迹了。流行色追求的是多种不同色彩搭配呈现的色彩印象，它所运用的色彩里面可能会有一些色彩所占比重较大，并且强度较大，较易引起人的广泛关注，因而被误认为这就是该年度的"流行色"。了解色彩知识，有助于人们理解流行色、把握流行色、善用流行色，让生活充满时尚气息。

想要成就美好形象，在选择服饰色彩上就不要给人留下落伍、跟不上时代的印象。虽然不可能每个季节都大量购置流行色服装，但我们可以在原有的服装基础上，适当购入流行色单品，和衣橱里原有的服装进行搭配，呈现出新颖而又不失时尚感的搭配效果。根据自身的肤色特点恰当选用流行色，能展现一种具有时代感并散发出独特个性的美。平时多留意各种时尚流行资讯，才能更好地捕捉色彩的流行趋势，掌握最新潮流动态。每年国际色彩权威机构都会发布世界范围内的流行色，各国分支机构也会发布在国际流行色

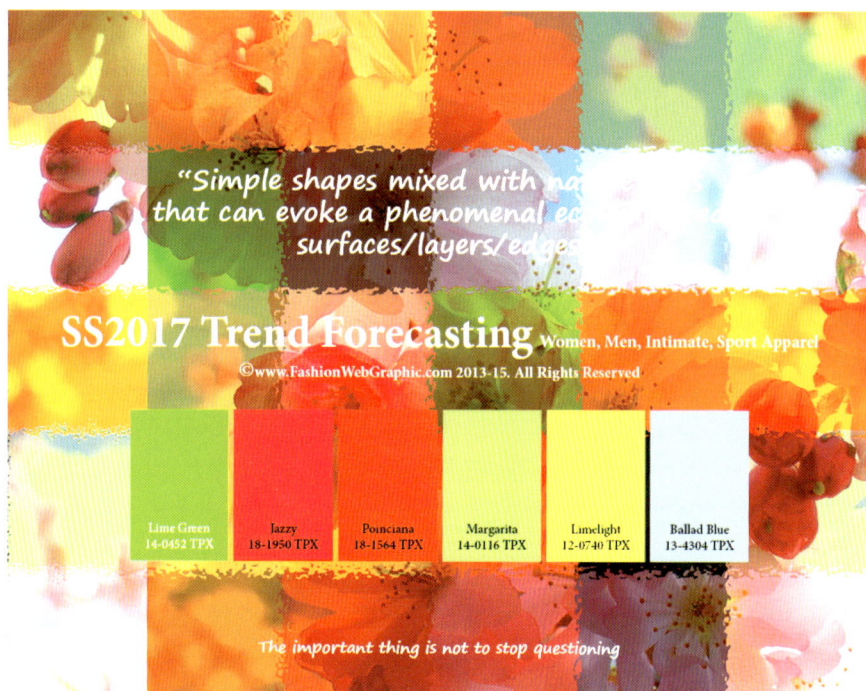

图 2-104 流行色

的基础上属于自己国家的流行色，这些都值得关注。时尚产品广告，尤其是服饰和化妆品广告，各大服饰、化妆品品牌推出的最新一季的产品，这都是关注流行色最好的捷径。

流行色的预测功能有如下两个：

（1）时尚用品制造商利用选定的流行色，扩大宣传推销新产品，满足消费者喜欢新奇和求变的需求。可以说，商家是流行色的引导者、传播者。

（2）使消费者接受新的时代色彩信息和大量新产品，以色彩的新刺激满足消费的欲望。因此，消费者是流行色的参与者、接受者。

善用流行色，紧跟时代步伐和节奏，个人形象才会年年有新意。色彩内涵丰富、寓意深刻，美的色彩搭配给人以精神上的享受。现代生活方式正随着社会思潮的变化而发生翻天覆地、日新月异的变化，流行趋势也随着观念的改变而不断改变。只有跟上时尚的步伐，才能为自己塑造出一个全新的色彩形象。

七、色彩美觉的培养

色彩和谐呈现出的美感多种多样：高贵的、优雅的、浪漫的、纯洁的、朴素的、青春的、可爱的、野性的、原始的，这些由色彩营造的美各有特点，各具风情，就如同每个人都是世界上独一无二的个体一般，很难将不同风格的美用统一的标准去评判。每个人或多或少都会有自己特别喜欢的色彩，然而色彩的和谐之美不在于个人"爱好"，而在于对美的"知觉"，把个人"爱好"培养升华成对美的"知觉"，对色彩的美有一个正确而客观的认知，这一点非常重要。

俗话说："近朱者赤，近墨者黑。"若一个人看到、接触到的全都是恶劣、低俗的色彩，而误以为那便是最好的，即使他通晓全盘色彩理论，还是不能熏陶出优良的美觉。眼界的提高与开阔，涵养的提升与丰富，将色彩融入生活，方能提高生活品位和艺术修为。

真正色彩美觉的培养，除了熟悉并掌握一定的色彩理论知识，还应充实并扩展视野，不断训练眼睛的敏锐程度。可以多翻阅时尚杂志，不仅看图，还要仔细阅读文字说明，懂得时尚流行的用词和术语。还可以关注时尚专栏，浏览时尚网站或介绍此类知识的微信公众号等，欣赏优秀的电视节目、电影作品、时装表演等各类演出。每季逛逛街，参观各类展出（如画展、设计展等），博览古今中外优秀的艺术作品，并习以为常，将自己置身于高雅的氛围之中。因为用色彩愉悦眼睛，是熏陶美觉的根本条件。色彩美觉需要不断训练，从不同艺术门类中获取丰富的养分，拥有了良好的色彩美觉，才能读懂真正美的色彩。

八、人的色彩可塑性

通过学习就会发现，色彩的美觉多种多样，没有固定模式，没有统一标准。每个人都有极强的可塑性，人的形象要想改变，一如之前所述，首先要转变思想观念，对色彩的美有一定的认识，接受各种不同色彩带来的美的视觉感受之后，才会付诸行动。与"型"的改变一样，若挑选一些从未穿过的色彩的衣服试穿，一开始或多或少都会有抵触心理，觉得穿上这样的色彩浑身不自在，但此时，一定要勇于尝试，敢于接受挑战与改变，也许穿上从未尝试过的色彩，会有意想不到的惊喜。

美是多元化的，色彩之美更是多元化的。淡雅的色彩还是深沉的色彩好看，绿色还是红色好看，鲜艳的色彩还是灰调子的色彩好看？其实，只要搭配得好，都好看，都美。这一章节，除了传递色彩知识，还希望能传递色彩大美的观念。这种观念可以推翻固有思维，挖掘自己的潜能，将生活中的每一面都呈现出美感，用"型""色"扮演不同的角色，丰富自己的色彩形象。

对于各种不同层次的人而言，对色彩的理解与运用，可以与运用"型"的分层一样，有相对应的、循序渐进的四重不同境界。

色彩装扮的第一重境界：扮靓新手级。如果对色彩搭配知识一窍不通，对自己的形象毫无自信，那么先让自己达到第一重境界，不管这身色彩适不适合你，站在色彩美的角度，能把一身服装和配饰及彩妆的色彩搭配和谐即可。

色彩装扮的第二重境界：流行先锋级。在对第一重境界已经完全掌握的情况下，了解自己的肤色、身材、长相等，知道自己的肤色是暖基调还是冷基调，是深沉的还是浅淡的，肤质是轻薄透明的还是密实紧致的，是强烈对比的色彩关系还是弱对比的色彩关系，找出最适合自己的色彩，并且多穿用适合自己的色彩，给别人留下一个属于你的色彩印象。

色彩装扮的第三重境界：时尚达人级。在对第一、第二重境界已完全掌握的情况下，结合流行色，根据场合需要，做冷的、暖的、深的、浅的、鲜艳的、灰的、对比强的、对比弱的等各种不同色彩搭配装扮。如职场中想显示出干练理性的一面，可多穿深沉稳重之色；而与朋友约会或是结婚纪念日，则穿着淡雅之色，通过色彩传递出温馨浪漫的气息；若要登台表演则选择穿着效果对比强烈的色彩。

色彩装扮的第四重境界：百变大咖级。在对前三重境界已经完全掌握的前提下，对色彩搭配专业知识、服饰色彩美学、流行色认知有了很深功力的基础上，审美上摆脱理论束缚，超越理论，将所有理论转化为对色彩美的感悟和理解，用色彩混搭手法，将各种看似有矛盾冲突的色彩或是多种颜色配于一身，形成极具个性且属于自己的色彩印象。这是色彩搭配的最高境界。

对照一下上述不同境界的要求，看看自己能达到哪个级别？

装扮之中，对于色彩运用的四重境界，每一重境界都需要对色彩、服装造型、材料有一定的理解和认知，四个从浅到深的不同层次，只要通过系统的学习与锻炼，就能逐级向更高、更深的层次迈进，就能根据需要，运用色彩塑造出多变的个人形象。

艺术没有对与错之分，亦没有标准答案，有的只是好与不好、美与不美、层次高低的区别。常常看到一些相貌身材并不出众，却很会穿衣打扮的人，他们完全不按常理出牌的色彩搭配理念，同样能让人感觉眼前一亮，感觉很舒服。其实，美的色彩搭配无处不在，要想成就美好的形象，需要对色彩有深入的理解，并逐渐培养勇于尝试各种不同色彩搭配的兴趣，建立起高层次的审美情操。

九、与色彩有关的美丽问答

1

问：近年很流行裸色，黄皮肤的人穿合适吗？

答：裸色与黄皮肤的肤色很接近，穿在身上远远看去就像大面积皮肤裸露在外，不太美观。有这样一个故事：某人深夜开电单车，途中被吓得差点撞车，因为他看到迎面走来一个只有一双大黑眼睛，没有鼻子、嘴巴的外星人。好奇心驱使他赶上前去探个究竟，结果发现是一位戴着裸色口罩画着烟熏妆的美女。

2

问：胖人适合穿条纹服装吗？

答：要看是怎样的条纹图样，条纹有粗细与走势之分，胖人若穿着粗条纹图样的服装，在视觉上有更加横向发展的感觉，建议选择细条纹图样的服装。

3

问：大地色系指的是什么颜色？

答：指咖啡、棕、土红、土黄、褐等与泥土颜色相近的色彩。

4

问：许多有关形象的书上说一身打扮不能超过三种颜色，是这样吗？

答：这不是绝对的。对于某些对色彩知识完全没有概念的人来说，或许是色彩越少越不容易出错，而对于那些用色高手而言，一身打扮中出现多少种色彩都不是问题。另外，还要看场合的需要，公务场合与休闲场合对着装用色的要求是不一样的。

5

问：如何选择丝袜的颜色？

答：建议选择比自己的肤色稍深一度的色彩，比如浅灰色、深肉色。丝袜颜色太浅会扩张腿部线条，显得腿粗；颜色太重则会使人的注意力集中在下肢，显得头轻脚重。另外，丝袜的弹力也很重要。常看到一些女士穿着的袜子松垂、皱巴巴地耷拉在脚踝处，松弛的丝袜让腿部显得臃肿，十分不雅；而弹力较好的丝袜对塑造腿部曲线能起到良好的效果。尤其是冬天喜欢穿裙子的女士，千万不要把秋裤穿在袜子里面，若是怕冷，可以选择穿加厚的深色羊毛袜或是穿着两双弹力较好的丝袜。

6

问：一个性格低调内敛，可是五官却长得适合穿着强对比色彩的人，如何在个性与视觉形象这二者之间取得平衡？

答：三个办法可供选择：要么自己喜欢，不管别人觉得好不好看，随心所欲穿搭衣饰；要么调整心态，选择穿着自己不喜欢但大众认为好看的衣饰；二者折中，选择中对比的色彩搭配衣饰。

7

问：知识点太多，无法一一理解，该如何运用？

答：每天学习一个知识点，待搭配能做到得心应手后，再学习下一个知识点，积少成多，由量变到质变需要一个过程。

8

问：学了色彩知识，可是觉得肤色很难分辨，怎么知道自己属于冷色系还是暖色系？

答：最简单的办法是找一个审美较好的朋友陪着去逛街，试穿五件以上不同暖色调的衣服，再试穿五件以上不同冷色调的衣服，对比看哪一个区域的色彩适合自己，哪个穿上好看得多，便属于哪个色系。抑或是求助于专业人士。

9

问：如果一时无法对皮肤的色相、明度、纯度做统一理解，那么色彩三要素中哪个对穿衣打扮影响最大？

答：在色彩三要素中，色相（即冷暖）影响最重要，其次是明度，最后才是纯度。同样的道理，我们穿戴的衣饰若色彩三要素都选对了是最美的，选对两个退而求其次，选对一个勉强看得过去，一个都没选对时是最不美的。当然，除了这些，还要考量穿着的场合。

10 问：流行的色彩就是最好的吗？

答：流行特征越明显，越容易过时，如荧光色，前几年特别流行，现在又不流行了。如果没有足够的经济能力追逐潮流，最好不要选购当季最显眼的流行色，可以选择经典的黑、白、灰色系，每季恰当加入当季流行色单品搭配穿着即可。

11 问：身材较胖，怎么利用服装色彩穿出苗条的感觉？

答：如果体重达到一定的重量，则无论多么厉害的设计师都无法利用服装色彩让你瞬间变苗条。你只能接受现实，利用服装与配饰穿搭出美的色彩效果即可。要么求助于专业的塑身教练，利用科学运动和健康的饮食让你达到瘦身的效果。

12 身材矮小的人怎样利用色彩让自己显得高一些？

答：用同一色调的色彩进行渐变搭配，再用亮色或鲜艳的色彩装点颈部，让人的视觉注意力往上提升。

CHAPTER03

第三章

妆饰——肌肤护理与彩妆

第三章
妆饰——肌肤护理与彩妆

人的容貌、肤质拜父母所赐，天然、天生，是自然的美，其保养得如何，关系着容貌后天给人的印象；化妆修饰，技法的优劣将影响个人整体形象的呈现效果。整体形象的美是艺术修为的产物，要有完美形象，适当对仪容进行修饰非常重要。人的容貌处于人与人相视的视觉中心，会引起交往对象的特别关注，影响观者对个人的整体评价。如果相貌姣好、颜值超高，当然令人赏心悦目，会得到更多关注的目光。但天生丽质、无须修饰的人毕竟是少数，大部分人长相普通，对仪容进行必要的修饰能扬长避短，让人看起来精神倍增、充满自信。同时，这也是尊重他人、对生活充满热情的一种体现（图 3-1）。

著名哲学家黑格尔认为，艺术美高于自然美，艺术美是由心灵产生并再生呈现的美，而自然美仅是自然现象本身所具有的美，未经任何人为加工与改造。心灵要比自然高贵，因此心灵的再生产品（艺术美）也要比自然的产品（自然美）高贵。

随着资讯的不断丰富，人们对美的追求在不断提升，加之整形、美容日趋普及，各种夸大功效的广告铺天盖地，许多消费者缺乏分辨能力，在海量的信息中迷失了自我，走进了误区。还有些人陷入了整容怪圈，他们整

图 3-1　各种护肤品

容的目的是舍长补短，总觉得自己的外貌有缺陷，只要有人说自己哪里不好看，回家对着镜子越看越觉得不好看；或是按照某些所谓的黄金比例、美的标准逐一比对自己的五官，终日纠结于自己脸上某个局部的不完美：感觉鼻子不好看就去垫鼻子，垫高了鼻子又发现下巴比例不对了，再去整个下巴，没完没了地整下去，甚至整上瘾了，结果越整越陷入对自己极度不满的焦躁情绪当中；而有些人，当自己在工作、生活上遇到困难与挫折时，不去分析内在原因，一味地认为是自己的形象造成了自己的失败，埋怨自己容貌中局部的不完美，陷入病

态的恶性循环，既影响了工作，也影响了生活。有些人则陷入了化妆的误区，每天不化妆就觉得没法面对眉毛浅淡、唇色泛白、脸色不佳的自己，不化妆就没有自信，就羞于见人，更有甚者连睡觉也不舍得卸妆，长期躲在妆容的假面具下生活；还有些人不顾自身天生条件进行过度化妆修饰，如明明是单眼皮，却总想着要把眼睛画大，每天不管何时何地都画着浓浓的眼线，戴着夸张的假睫毛、美目贴，生活中也像上舞台；还有的人则反之，不屑于妆容修饰，每天不修边幅、不饰妆容，何时何地都素面朝天，更有甚者整日蓬头垢面，将自己的不足与邋遢之处完全暴露。上述说的都是不可取的极端行为。父母没给我们绝佳的容貌，与其顾影自怜、抱怨叹息，不如运用智慧使自己的特质凸显，塑造一个独一无二的优质形象，才是最佳的做法。

美的形象来自美好的心态，更来自对生活美学知识的了解和掌握。每个人的身材容貌都是独特的，除了双胞胎长得较为相似，这世上没有长得一模一样的两个人，不必纠结于自己没有而别人有的东西。因为无论怎么整，我们都无法整成像偶像明星那样，明星们除了自身天然的高颜值，在公众眼中的诸多光环是其努力学习表演、演唱等专业领域知识和长期坚持艰苦的专业形体训练，并由许多不同行业的专业精英共同设计、包装后展现出来的近乎完美的状态，这是行业的需要，不必羡慕，更不必盲目追求。一个人令他人欣赏的原因，除了外

表的容貌、体态，还有诸如性格、学识、教养等内在因素和工作性质、工作环境等外在因素，外表只是其中一个方面。有一位美容整形专家就曾指出："有的人为什么缺乏自信，总是要求整形专家把自己整成与某个明星一样的脸庞，而不是依照自己的性格特征及样貌特点去把个性风格塑造出来呢？"健康的装扮态度，是在正确认知自身的基础上，再加入艺术的修饰，想办法把自己最美的部分放大，吸引别人的目光，从而弱化不足之处。美是一个整体而不是单纯的局部，因为局部的美无法代表整体的美，但整体美也是由许许多多个局部细节构成的。

除了铺天盖地的整形美容广告，媒体每天传递的时尚化妆资讯也让普通大众应接不暇，烟熏妆好还是裸妆好，直发好还是卷发好，甜美风好还是性感风好，哪个妆面更流行，哪个妆面更时尚？其实，并非追随潮流就是时尚，时尚是一个大的范畴，是一种生活态度与方式，是一种在与时俱进的审美观之下，养成的热爱生活、热爱艺术、对自己负责的一种人生态度。任何事物，都会有外在与内在两个方面，若一个人总是感叹没时间打理自己的形象，但每天闲暇时，不是沉迷于网络游戏、朋友圈刷屏，

就是和人扎堆谈论八卦消息或打麻将，那么无论这个人多么的天生丽质，经过一定的岁月洗礼，美好的形象也会离她远去；反之，若一个人勤奋好学，对自己有要求、有目标，善于管理自己，即便这个人当初资质平平，若干年后，也能散发出独特的气质与魅力，收获精彩的人生。有一句话说得好，"腹有诗书气自华"，指的就是书卷气息会表现在脸上，传递的是仪容的内在美，呈现的是深厚的文化底蕴。具体落实到脸面上，不难发现，对容貌上某些瑕疵的雕琢修饰，进而日渐改善，是漫长持久的一个过程。我们都知道"台下十年功，台上一分钟"，相传梅兰芳大师小时候为了练就舞台上"巧笑倩兮，美目盼兮"，就时常盯着水里的鱼儿练习，所谓倾国倾城的顾盼生辉可不是现今整得越大越好的眼睛能企及的水准。我们要努力学习，当然这个学习不仅是在学校时学习文化课，还要向生活、向艺术、向美、向比自身优秀的人学习，不断提高个人的文化修养和艺术素养，培养自己的高雅气质与美好心灵，才可能做到蕙质兰心，通过外在将内在的美传递出来。要知道，一个美好的个人形象在人际交往当中亦是对对方的尊重，彰显自己的礼仪。

一、仪容三美

仪容美包括了天然美、修饰美和内在美三个方面。

（一）仪容天然美

先天美好的仪容相貌，令人赏心悦目，感觉愉快，包括了毛发美、肌肤美，其最基本的要素是整洁干净。肌肤自然、头发健康、容光焕发，是一个人阳光、积极向上的表现。媒体、造型师评价某些明星"底子好""不惧素颜""颜值高"，正是仪容天然美的体现。

（二）仪容修饰美

必要的修饰，扬其长、避其短，设计、塑造出美好的个人形象，在人际交往中是对他人的尊重，亦是自尊自爱的体现。仪容修饰美包括护肤、彩妆、发型三方面。我们常能看到一些明星"妆前妆后"反差甚大，妆前形象颓废，妆后立刻精神奕奕，这全赖仪容的修饰美。

（三）仪容内在美

个人的文化、艺术素养和思想、道德水准这些内在的品质，将一一呈现于外在的仪容上。因此，培养自己高雅的气质与美好的心灵，才能秀外慧中，表里如一。

为了达到仪容的三美，养成良好的习惯非常重要。据不完全统计，国人现阶段有接近 80% 的男性和超过 50% 的女性对自己的仪容处于放任自流的状态：年轻时不注意保养，到了一定的年纪骤然发现容颜衰老，想要去护理，却为时已晚，于事无补，甚至一着急，心态发生变化，面对长满斑点和皱纹的脸，恨不得拿个电熨斗把皱纹烫平，涂上退字灵让脸上的斑点瞬间消失。在求速急成的心态下，经不起各种美容、整形宣传的诱惑，盲目跟从，让一些不良的机构钻了空子，最后不但花费了大量钱财，还有可能让自己的皮肤受损甚至毁容，酿成终生遗憾，这类得不偿失的例子比比皆是。所以从现在开始，每天对自己的皮肤进行护理，持之以恒，养成良好的生活习惯。

二、良好健康的生活方式是美好形象的基础

良好健康的生活方式是美好形象的基础。拥有良好健康的生活方式的人，皮肤干净有弹性，身体无异味，身上不会有太多斑点，不容易生病，看起来充满活力。要达到以上状态，需注意以下几个方面：

（1）保持头发干净清洁。这需要勤洗头，短头发的男性应该每天洗头，女性朋友视头发长短和季节不同，两天到四天洗一次头。请不要频繁地染发和烫发，因为频繁地染发和烫发会破坏头皮的毛囊，造成头皮屑增多或是严重脱发，使发质受损，干枯分叉。染发、烫发一年一两次就好，染发剂、烫发剂请尽可能选择天然、含化学成分少的产品。注意避免头皮屑，尤其是冬天穿着深色衣服的时候，头皮屑若掉满肩膀，会使人对你的仪容产生不良印象。正确使用洗发水、护发产品，头发吹干后适量使用头发定型产品，能避免头发毛刺飞满头，影响发型美观。此外，还要保持发型的整齐成型，定期修剪头发，请在每天起床后整理发型。

（2）脖颈、手、牙齿等都应干干净净。男士需要勤剪指甲，女士若涂指甲油或做美甲，请保持指甲的光鲜亮丽，不能将指甲油抠得斑斑驳驳。注意祛除眼角、嘴角及鼻孔的分泌物。别忘了定期洁牙，一口干净、洁白、优质的牙齿不但是品尝美味食物的保证，还会使形象加分不少。男士还需要修剪鼻毛，勤刮胡子，若要留胡子，胡子要修剪得有造型感。女士夏天需要清理腋下和腿部的体毛，就像男士每天要刮胡子一样，夏天穿着吊带和无袖衣裙时，尤须注意。

（3）注意饮食健康合理。少吃含致癌物质或加入添加剂、高脂、高盐的垃圾食品和使用一次性餐具包装的速食食品，每天多喝水，不抽烟或尽量少抽烟，不酗酒，适当锻炼身体。

（4）保证充足的睡眠。请不要长时间面对手机和电脑，睡觉时间的多少，因人而异，一般在八小时左右。睡眠如同处方，和营养一样是健全体质、保障健康的重要手段。早有古语"眠食二者为养生之要务"，更有古训"华山处士如客见，不觅仙方觅睡方"，可见睡眠的重要。

（5）同一双鞋不应连续穿着数日。最好准备几双鞋替换，勤换袜子，袜子破洞了应及时缝补。外出旅游若到国外的寺庙或搭乘长途交通工具、到他人家拜访时，请注意脱鞋后脚所产生的气味不应让别人嗅觉不适。

（6）干燥的天气不宜每日洗澡都用香皂或沐浴露。如果每天都洗澡，则每次洗澡的时间不宜超过十分钟，洗太久、水太热或天天使用沐浴露，容易把皮肤表面的天然皮脂膜洗掉，造成皮肤缺水，使皮肤干燥蜕皮，一脱衣服皮屑便满天飞，严重的还会引起皮肤瘙痒开裂。

如若遇到这样的情况，请在洗澡后全身涂抹美体乳或是橄榄油，滋润皮肤。

（7）一个人身体散发出来的味道也是其健康与否的象征。请注意身体的气味，包括口腔的味道和身上的体味、汗味。上班或跟朋友相聚之前请不要吃大蒜、辣椒、洋葱之类的刺激性食物，以免口腔散发出异味给别人留下不好的印象。有些人到了夏天汗味较重，建议购买止汗剂涂抹腋下等容易出汗的部位，止汗剂有喷雾型、走珠型、香粉型，可根据个人喜好选择。

（8）请注意正确使用香水，有人说闻香识女人，同样闻香也识男人。香水能给人增添魅力，但是如果使用不当也会影响到别人，尤其是工作场合，香水不宜喷得过于浓烈。合适的香水味道是别人靠近的时候才能隐隐约约闻到，香水最好涂抹在脉搏跳动的地方，这样能够让香味更加持久（图3-2）。

图3-2　香水

　　良好健康的生活方式与生活习惯可以催人上进，促进机体健全发展，呈现仪容的最佳状态与美感。现代人生活压力较大，尤其是竞争激烈的行业不时曝出青年才俊因连续加班而猝死的新闻，年轻人也时常为自己熬夜、通宵、饮食不规律、烟酒过度找各种各样的借口、托词，殊不知这正是恶性循环的开端。不少人日夜颠倒，总认为晚上工作效率更高，晚上不睡觉，白天起不来，最终不得不依靠药物促进睡眠；不少人饮食不规律，不注意日常饮食中不同营养的有效摄入，盲目依赖各种保健品，长此以往，弄垮了身体，痛苦了自己。事实上，人体的生物钟是最诚实、最自然的，日出而作，日落而息，一日三餐，劳逸结合，任何所谓高科技、高效率的捷径都唤不回人体正常新陈代谢的节奏。提高效率、合理安排，你会发现虽然锻炼、睡眠、饮食占据了不少时间，工作的效率反而提高了。习惯的养成并非朝夕之事，而要改正某种不良习惯也需要一段时间。研究发现，二十一天以上的重复会形成习惯，八十五天的重复会形成稳定的习惯（图3-3）。

图 3-3　沐浴产品

三、日常护肤

　　拥有健康的肤色、有光泽感而细腻的肤质是每个人梦寐以求的，好的皮肤除了天生，后天的护理也非常重要。对自己的肤质有所了解，掌握正确、全面的护肤知识，选择合适的护肤产品和护理方式，并能够持之以恒，这样才能保持肌肤的最佳状态，这也是让皮肤延缓衰老的关键；反之，若不明就里地"乱护肤"或是护理过度，则可能适得其反，会对原本美好的皮肤造成损伤和破坏。护肤是细水长流的过程，不应总想着偷懒，把希望寄托于外力的帮助或是一次性的改变，任何急功近利的方式都无法持久。

（一）化妆品的种类

1. 基础护肤品

　　常用的基础护肤品有洁面乳、爽肤水、润肤霜（乳液）、面霜、晚霜、精华素、眼霜、手和身体用的护肤霜、隔离霜、防晒霜、面膜，男士的须后水等（图3-4）。

图 3-4　护肤品

图 3-5 彩妆产品

图 3-6 香氛类产品

2. 彩妆产品

常用的彩妆产品有粉底、散粉、BB 霜、眉笔、眼影、眼线笔（液）、睫毛膏、腮红、口红、唇彩等（图 3-5）。

3. 香氛类产品

常用的香氛类产品有香水、古龙水、止汗香露、香粉等（图 3-6）。

图 3-7 美体类产品

4. 美发类产品

常用的美发类产品有洗发水、护发素、染发产品、定型啫喱、发泥、发胶、摩丝、发蜡、弹力素等。

5. 美体类产品

常用的美体类产品有沐浴露、香皂、去角质磨砂膏、美体乳等（图 3-7）。

图 3-8 男士护肤品

护肤及化妆品种类繁多，大部分属于人们的生活必需品，了解产品的性能和功效，就能根据自己的需求与经济状况选择购买适合自己的产品。对于护肤及化妆品，正确的态度应该是不可不用，也不可滥用（图 3-8）。

（二）肤质与护理

人的皮肤位于身体表面，是人体抵抗外部侵袭的第一道防线，最表层的角质层具有良好的屏障功能。健康的皮肤每 28 天为一个代谢周期，能自然代谢多余的角质层。随着年龄的增长、生理变化以及饮食习惯等因素的影响，加上空气中的污染物与皮肤进行氧化反应相结合，会造成肌肤机能的衰退，阻碍保养品的渗透及吸收，久而久之就会出现色斑、皱纹、肤色暗沉或是皮肤粗糙的状况。常年适度保养与从来不保养的人相比较，皮肤会有很大的差距。

了解自己皮肤，并辅以正确的保养手段，

是使人看起来健康阳光，并且比实际年龄年轻的一个重要环节，皮肤美是仪容美重要的内容之一。其中，最为关键的是辨识自身的肤质类型，这样才能"对症下药"，有针对性地护理与保养，达到事半功倍的效果。

1. 油性皮肤

油性皮肤毛孔较为粗大，皮肤表面比较粗糙，皮脂分泌旺盛，面部容易泛油光。由于毛孔粗大，身体分泌的油脂易与空气发生氧化反应，再结合空气中的灰尘，就容易藏污纳垢，造成毛孔堵塞，形成粉刺、痤疮和黑头，让皮肤看起来不干净。油性皮肤的优点是不容易长斑和皱纹。油性皮肤的护理重点是要特别注意皮肤的清洁卫生。油性皮肤的朋友在年轻的时候会长很多的痘痘，如果护理不当会留下一些窝坑或是疤痕。

油性皮肤洁面时最好选择洁面摩丝或是有丰富泡沫的洁面乳或洗颜液，因为含有丰富绵密泡沫的洁面产品清洁力较强，在容易出油的部位来回按摩几次，让泡沫充分接触皮肤，以便清洁多余的油脂和污垢。如果脸上长有面疱则可以选择有消炎效果的洁面乳；如果有黑头的话可以定期去美容院用仪器清洁，也可以自己在家使用去黑头面膜，使用完去黑头面膜后最好敷上保湿或者收缩毛孔的面膜。值得注意的是，去黑头面膜一周最多使用一次，不能频繁使用，并且要注意去黑头部分的卫生消毒情况，不要造成肌肤的二次感染，以免因多次撕拉或感染对皮肤造成负担。油性皮肤还要注意补充水分，使用含油脂成分较少的清爽型保养品保持水油平衡。

2. 干性皮肤

干性皮肤油脂比较少，毛孔小，皮肤看起来干净细嫩光滑，不容易长痘痘。缺点是容易干裂和脱皮，容易长斑，长细纹、皱纹。干性皮肤适合使用保湿滋润类产品，防止皮肤过敏、干燥、脱屑。

干性皮肤的洁面方式，宜选用性能柔和且泡沫较少的洁面乳，能够在清洁后使皮肤表面形成保护膜，不至于流失太多的水分和皮肤自然的油脂，平时不应使用太热的水洗脸。

3. 混合性皮肤

混合性皮肤的人面部T形区部位（前额、鼻部、下颌）属于油性，T区毛孔较为粗大，鼻翼两侧分泌物比较多，而嘴唇周围、眼睛周围和脸颊部位容易干燥。混合性皮肤集油性皮肤与干性皮肤于一体，具有油性皮肤与干性皮肤的优缺点。混合性的皮肤，脸部有干燥也有出油的困扰，最好选择清洁效果比较好的泡沫型洁面乳或洁面摩丝，在T形区以及鼻翼两侧仔细清洗，用温水清洗后再用冷水拍打面部以收缩毛孔。在保养品选择上更应注重功能性和季节性产品的选择，例如在春夏季节应使用较为清爽、具有控油效果的产品，而秋冬季节则使用略带油脂型的产品，应季节的变化更换产品，维持皮肤最好的状态。

4. 敏感性皮肤

敏感性皮肤对外界刺激敏感，这种类型的皮肤受天生遗传或后天皮肤状态应环境改变而变化形成。只要受一点点刺激就会红肿、发痒，使用香料和化妆品容易引起不适，皮肤缺乏光泽，脸颊部位易发红，皮脂少。敏感皮肤的状况与皮肤的保护层、角质层的健康息息相关。角质层对皮肤起重要的保护作用，具有防御功能。很多人缺乏对角质层的认识与了解，频繁地去角质，或做果酸换肤、光子嫩肤等医疗美容，造成角质层被强行剥脱，皮肤受损，无法承受外界的各种刺激，出现敏感症状。而一些能快速退红、脱敏、换肤、脱皮的速效方法，违背皮肤自身代谢规律，反复"摧残"肌肤，会使皮肤受到不同程度的伤害，引发皮肤敏感。

敏感性的皮肤初次使用护肤产品时，最好先做适应性实验，在手腕内侧或者耳朵后面隐蔽的皮肤上涂抹少量产品，两个小时之后没有产生不良反应才可以大面积涂抹使用。同样的，也不要用太热的水洗脸，以免刺激皮肤使油脂流失过多。

5. 暗疮皮肤

暗疮（青春痘）皮肤在处于青春期的年轻人中比较常见。现代社会生活节奏快，人们精神压力过大，且有一些不良饮食习惯（如喜欢吃辛辣、煎炸、烧烤等刺激性食物；吸烟、喝酒过多）；夜生活频繁；化妆品使用不当（如使用透气差的彩妆，含油分过多的护肤品等）；有用手常触摸脸部的习惯，将手上的细菌带到脸部；头发经常覆盖脸部，使头发上的污垢和定型产品经常接触脸上的皮肤；潮湿环境里不注意枕头与头发的卫生，以致睡觉的时候脸长时间接触枕头和头发，引起螨虫感染，以上都是引发暗疮的原因。

注意一定不要经常用手挤压痘痘，上美容院护理也不建议采用针清的方法处理，用针清非常容易造成交叉感染，引起暗疮蔓延。多运动，增加脸部血液循环与代谢，多吃清淡食物，少吃辛辣、煎炸、烧烤等刺激性食品，注意清除毛孔中多余的油脂，让毛孔透气，改变不良生活习惯才是改善暗疮肤质的根本。建议尽量不要长时间使用速效产品，速效产品虽能迅速杀死细菌，但治标不治本，倘若不改变饮食习惯和消除毛囊中的炎症，会使脸部肌肤受损，抵抗能力下降，更容易引发其他皮肤问题。暗疮皮肤日常护理还要注意个人毛巾、脸盆等物品的清洁卫生，脸盆定期消毒，毛巾每天晾晒，不与其他人共用一条毛巾，避免交叉感染。如情况严重，一定到专业的医院科室进行医疗面诊，因为医疗服务才是治疗该类皮肤的主要手段，日常护理只能起到辅助的作用。

清洁类护肤品请选用非常细腻且含有丰富泡沫的洁面产品，运用泡沫的弹力和滚动原理，让细腻丰富的泡沫进入毛孔毛囊内清洁，以清除黑头，让毛孔能够正常呼吸和吸收。最好使用纯植物配方的产品（如含有海底泥、鱼腥草、薰衣草等成分），避免使用具有刺激性及收敛性过强的护肤品。

6. 色斑皮肤

色斑主要是长时间日晒形成色素沉淀或由于身体的内分泌系统出现问题造成的。年龄较大的人面颊出现色斑则是随身体衰老而产生的自然应激现象。一些速效祛斑产品夸大功效，号称短期就能祛斑，产品中含有的特殊成分，看似能快速使色斑的颜色浅淡或是脱落，但其实色斑并未祛除，只是在化学成分的作用下使浅表的色素脱色了，停用后，还会逐渐恢复色斑的颜色，而且这些"特殊成分"的副作用，会使健康的细胞受到损伤，让整个皮肤的抵抗能力下降，无法承受外来的刺激，色素沉着加剧，色斑反而逐渐增多。与祛斑相比，日常的防护更为重要，冰冻三尺非一日之寒，保持乐观的心态，做好皮肤的防晒工作才能延缓肌肤衰老，远离色斑。

值得注意的是，要根据环境、季节的变化对护肤方式做出相应的调整，随着年龄的增长，肌肤也会在特征表现上有所不同。

（三）正确的洁面方式

洗脸是每天的必修课，很简单，但是怎么正确、有效地完成洗脸，也是有规可循的。

1. 洗脸时需注意的环节

（1）洗脸时需要先把手清洗干净。因为手上的污垢会消耗部分洁面乳，也容易把手上的细菌带到脸上。把手清洗干净可以避免皮肤二次交叉感染。

（2）有条件的话请用温水把脸部沾湿，让毛孔张开，水温和体温相近是最好的。

（3）挤出适量洁面乳置于手掌，再加入几滴水揉搓产生丰富的泡沫，从脸部中央自下而上，由内向外用中指和无名指指腹以螺旋向上的方式，并且在油脂分泌旺盛容易形成脂栓的地方着重清洁，轻揉全脸打圈按摩1~2分钟后，再用温水洗净。

（4）洗脸水温不宜过高，过热的水可能会引起血管过度扩张，溶掉皮肤表面的天然皮脂膜，造成皮肤缺水紧绷，使皮肤松弛；太冷的水则会使毛孔收缩，污垢不易清洗干净。最好的洗脸方法是温水和冷水交替使用：先用温水湿润皮肤，使皮肤毛孔张开，这样能轻松洗去脸部的灰尘污垢，有利于皮肤深层清洁；然后用冷水拍打脸部，增强血液循环，起到收缩毛孔、紧致脸部肌肤的作用。如果能常年坚持每次洗干净脸后用冷水拍打一两分钟，有利于脸部皮肤的美容保养（图3-9）。

图 3-9　正确的洁面方式

2．完美洁面的几大注意事项

（1）时间：清晨起床、回家以后或晚上睡觉前是最佳的洗脸时间。

（2）次数：干性皮肤每天两次为宜，油性皮肤每天三次为宜，当然也要视天气而定。北方冬天时早晚洗两次就可以，南方夏天潮湿炎热，每天洗脸也许不止三次，但请注意，不需要每次洗脸都使用洁面乳，洁面乳一般晚上用一次即可。特别值得注意的是，一定要用清水把洁面乳彻底清洗干净。脸并非越洗越干净，洗脸次数过多会破坏皮肤表层的油脂分泌。就算是油性皮肤，也不应该每天过度洗脸，洗脸太多反而会破坏皮肤表层的天然保护膜，皮肤会分泌出更多的油脂，脸反而越洗越油。

（3）工具：柔软干净的洗脸毛巾应和个人的洗澡巾分开。毛巾应经常放到太阳下晾晒，放在潮湿的卫生间里长期处于未完全干燥的状态容易产生细菌。如果毛巾已经产生滑溜溜的感觉，意味着上面已经布满了大量细菌，必须立即更换新毛巾。除了常用的毛巾，现在市面上还出现了"洗脸神器"，它是利用声波摇摆振荡技术以温和摇摆方式将毛刷深入脸部毛孔，清除毛孔深处的油脂及污垢，同时保护肌肤。持续使用可改善毛孔粗大，淡化细纹和皱纹，促进水、乳、精华等护肤品的吸收，令肤质光滑干净，更显年轻。

（4）其他注意事项：颗粒型磨砂洁面产品能使人感受到彻底清洁的快感，建议油性皮肤每周使用一次，不适合敏感性皮肤和干性皮肤使用。使用磨砂膏进行反复揉搓会过度刺激表皮，使皮肤的角质层细胞遭到破坏。洗脸按摩时也不应太用力，以免损伤肌肤。

（四）基础护理步骤

护肤品种类繁多。其实，在众多护肤品中，拥有基本的几样便足够日常护理使用，洁面乳（洗颜液）、爽肤水（化妆水）、乳液（面霜）这三样在日常基础护理中缺一不可。此外，年龄超过 25 岁，建议开始使用眼霜和精华；如果生活所在地日照时间长，或是经常身处户外，还需要使用防晒产品。护肤品搭配使用，能滋润肌肤、呵护肌肤，起延缓皮肤衰老的作用，再配合正确的护肤步骤就能达到良好的护肤效果。

1. 清洁

不管是否化妆，是否使用护肤品，每天清洁皮肤是我们日常生活的"必修功课"，这也是护肤不可或缺的步骤。清洁作为护肤的第一个步骤，可以有效地清洁皮肤，排出毛孔中及肌肤深层的污垢及毒素，还原肌肤干净的本质，使其能以最佳状态迎接之后使用的保养品。

2. 爽肤水

爽肤水，也叫化妆水，常用的有湿润型、收敛型。湿润型适合干性皮肤或是在秋冬干燥季节使用，收敛型适合毛孔粗大的油性皮肤使用（但不宜长期使用），可根据个人皮肤状况选择。脸洗干净后，倒适量爽肤水涂抹并拍打脸部，直至充分吸收。爽肤水能使角质层快速补足水分，使皮肤看起来更加透明有光泽。如果是敏感性肌肤，建议不要使用擦拭和拍打的方式，只要全脸轻轻按压就好。

3. 精华

在所有的护肤品当中，精华类产品是唯一可以渗透到肌肤深层的产品，其高浓缩的活性成分，能够给肌肤最全面的滋养。所以在使用化妆水打开了肌肤的吸收通道后，还需要使用精华，只有肌肤深层受到了滋养，才能达到护肤的目的。精华分水性及乳状两种质地，可根据自身皮肤的需要选择，以自身皮肤的吸收程度及用后感受作为考量标准，使用时只需要几滴的量就足够覆盖全脸。不同功效的精华需配合不同的手法使用，但注意要避开眼周肌肤。由于精华液的活性成分较高，开封后一定要尽快使用完毕。

4. 眼霜

眼睛周围的皮肤较薄，也是血液循环较慢的地方。通常，肌肤的衰老主要从产生眼部细纹开始，而浮肿、黑眼圈等会让人显得憔悴、无精打采。为此，需要格外重视眼周肌肤的护理。直接把脸部护肤品涂抹在眼周会对眼周肌肤造成较大的负担，例如，将人油腻或分子量过大的面霜当成眼霜使用，眼部周围易形成肌肤脂肪粒。因此，需要单独使用眼部护理的产品，挑选保湿、清爽、易吸收、分子小、成分安全、舒缓、无刺激的眼霜，再配合适当的按摩，能够有效地改善暗沉、浮肿、细纹等问题。

涂抹眼霜时用无名指蘸取绿豆粒大小的量，顺着内眼角、下眼睑、眼尾、上眼皮做环形上提轻柔按摩，让肌肤完全吸收，这样按摩有助于血液循环代谢，减少黑眼圈，紧致眼部肌肤。用眼过度或是长时间熬夜、睡眠不足，会导致眼睑疲劳，下眼睑与眼袋毛细血管长期处于充血状态，代谢不通畅形成黑色素沉淀，久而久之便会形成黑眼圈。缓解眼疲劳，祛除黑眼圈最好的方式之一是水煮两个带壳鸡蛋，将煮熟的鸡蛋用手绢包着热敷 10 分钟之后，再敷上眼膜即可。也可使用一些含人参等汉方成分的眼霜，促进皮肤的血液循环。养成每天涂抹眼霜时多按摩两分钟的好习惯，每周去美容院做一两次眼部保养，延缓眼部肌肤衰老。特别需要注意的是，一旦发现眼部肌肤出现黑眼圈、细纹等症状，需要立即引起重视，否则随之而来的问题会越来越多。

5. 乳液

基础护肤的最后一步是使用乳液锁住皮肤中的水分，达到持久保湿及防止之前所用爽肤水、精华流失的作用。乳液、面霜二者在功效上没有本质的区别，只是在质地和油脂含量上略有不同，乳液较为清爽，面霜较为黏稠。油性的肌肤或在夏季可以选择乳液；干性的肌肤或在冬季则可以选择质地更为丰润的面霜。

使用时通常先将适量乳液倒入掌心，用手捂热后由面部中央及易干燥处向外、向上涂抹，抹完后再用搓热的双手在脸部轻轻按压几下以便更好地吸收。

精华、乳液、面霜的使用顺序，有不同的说法，一般说来，精华用于比较稀薄的乳液之后，而用于比较厚重的面霜之前。其实只要掌握一个原则就好：越稀薄、越容易吸收的越先涂抹。

6. 防晒隔离

有的人认为自己不惧烈日、不怕晒黑，因此对于防晒不够重视。其实防晒不仅可以防止肌肤被晒黑，也可以防止肌肤不受紫外线侵害而受损。阳光中的紫外线照射是造成皮肤老化和促使黑色素在皮肤中沉淀形成皮肤表面斑点的主要因素，实验证明如果任由阳光暴晒 10 分钟，皮肤就会早衰 10 天。相信看到这样的结论，我们不得不重新审视防晒隔离的必要性了。此外，涂抹防晒霜还可以防止护肤品中的一些特殊成分因紫外线的照射分解变质，影响护肤效果。艳阳高照时，请不要让肌肤直接暴露在艳阳下，选用适合的防晒品，再加上适当的防晒措施，如帽子、防紫外线伞、长袖外衣等，就能有效地阻挡紫外线照射带来的伤害。

防晒品和护肤品一样，需要一定时间皮肤方能吸收，因此建议在出门前 20~30 分钟涂抹防晒品。同时，根据防晒产品性质还分为物理防晒和化学防晒两种。物理防晒产品一般是利用以高倍添加二氧化钛的物理防晒剂为主，质地较为厚重，涂抹延展性浓稠，对皮肤刺激较小，安全性高。而化学防晒产品则是利用添加医疗级别的化学试剂作为主要防晒剂，质地较为稀薄，延展性好，但是对于皮肤会有一定的刺激，敏感肌一定要慎用。

油性肌肤应选择渗透力较强的水性防晒用品；干性肌肤应选择霜状的防晒用品；乳液状的防晒霜则适合各种皮肤使用。

室内防晒和室外防晒主要区别在于需要针对不同强度的紫外线选用不同 SPF、PA+ 指数的防晒产品。SPF 是防晒系数 Sun Protection Factor 的英文缩写，表明防晒用品所能发挥的防晒效能的高低，一个数值表示可以在阳光下逗留时间为 15 分钟，SPF 指数越高，所提供的防晒保护越大。目前，科学已经证实阳光中的 UVA-1 是导致肌肤老化的凶手，所以专门抵挡 UVA-1 的防晒品应运而生，并用 PA 标示，PA 即 Protection of UVA-1 的英文缩写，以 +、++、+++ 三种强度标注，"+"越多表示防 UVA-1 的效果越好，PA+ 表示可延缓肌肤晒黑时间 2~4 倍，PA++ 可延缓 4~8 倍，PA+++ 可延缓 8 倍以上。一般环境下，普通肤质的人以 SPF 值 8 至 12，PA++ 为宜；对光过敏的人，SPF 值选择在 12 至 20 为宜；皮肤白皙者建议选用 SPF30 的防晒霜；如在野外游玩、海滨游泳时，防晒产品的 SPF 值应在 30 以上，PA+++。游泳时最好选用防水的防晒护肤品，并在每次上岸后及时补涂防晒产品。室内同样要涂抹防晒霜，可选择质地轻薄些的防晒霜或者是隔离霜，也可以选择具有保养功能的防晒日霜，一般 SPF15/PA+ 就足够了。

化妆时，使用的彩妆品也应具有防晒功能。首先清洁皮肤，然后用化妆水或爽肤水拍打脸部，适当涂抹润肤霜或乳液；再选用轻薄粉质的防晒粉底或是涂抹含防晒指数的蜜粉，最后再上彩妆品。卸妆时记住一定要选用专业的卸妆产品（就算不化彩妆，防晒产品也需要卸妆产品才能彻底卸除，然后再用常规的洁面方式清洁皮肤）。

若是没有做好防晒措施，皮肤晒伤则需要进行晒后修复。轻度晒伤——皮肤变热，适合用喷雾来修复。每当脸孔发热，可用喷雾来冷却脸部，同时为皮肤补充水分。中度晒伤——皮肤先发红再缓慢变黑，适合用保湿补水面膜或晒后修复啫喱，使被刺激的皮肤镇定下来，两天后才能开始使用美白面膜和修护类的精华，阻断黑色素因晒后快速合成。高度晒伤——皮肤发痛脱皮，此时的皮脂膜已经受到了一定程度的破坏，需要先涂抹一些专用药物缓解疼痛，然后做基本清洁、保湿，最后加上防晒霜，尽量避免使用化妆品，待皮肤好转后可使用成分单纯的晒后修护产品，如情况严重则需要及时到医疗服务机构寻求专业医生的帮助。

7. 面膜

使用面膜是为了让肌肤获得深度滋养。史书中就有古人洗牛奶浴、花瓣浴的记载，这与当今使用面膜有异曲同工之妙。使用面膜前应做好皮肤的清洁，洁面后才能使皮肤更好地吸收面膜中的精华。敷面膜并非时间越长、次数越多越好，在夏季一周使用一两次即可，秋季一周可以使用二三次，一般每次 20~30 分钟为宜，时间太长会导致变干的面膜反吸收脸部的水分（睡眠面膜除外），造成肌肤缺水。撕拉式面膜不应频繁使用，最多每周一次。有的人喜欢用黄瓜切成片敷脸或自制纯天然成分的面膜，一般来说，这些自制面膜有效精华物理分子比较大，不太容易被皮肤吸收，效果不是很理想。但是无论何种面膜，其实只要坚持使用都能够起到一定的效果。

面膜可按如下计划使用：

（1）干性皮肤：换季时会出现缺水的状况，

可使用滋润保湿的面膜补充水分。

（2）混合性肌肤：T字部位呈现油性肤质，而脸颊部位则为中性或干性肤质，所以需要做好全脸保湿、局部控油的保养，可以选用局部针对性面膜。

（3）油性皮肤：可以每周使用一次控油面膜，隔一周再使用深层清洁和保湿面膜。

（4）敏感性皮肤：不要选用酒精含量过高的面膜以免刺激皮肤。特别需要注重保湿等基本保养工作。增加肌肤含水量和加强肌肤屏障功能，可以增强皮肤的抵抗力，减少外界物质对皮肤的刺激。

（五）其他注意事项

（1）每周可以到美容院进行一次肌肤护理，也可以购买皮肤深层清洁产品，每周在家里做一次肌肤深层清洁。洁肤后用复方精油按摩脸部十分钟，随后将精油擦去，再敷上面膜，进行自我护理。

（2）淋浴的时候不要用喷头直接对着脸部冲洗，这样长此以往，容易使毛孔变大。

（3）警惕不良广告。部分美容院或商家把自己的产品吹得天花乱坠，尤其是产品包装上全是英文说明，无任何中文内容的所谓"进口产品"，能迷惑不少缺乏分辨力的朋友，使其上当受骗。请注意，越是强调、保证短时间见效的产品越是要仔细分辨。

（4）除非有能力鉴定网购产品的质量，否则请不要轻信网上所谓的一两折超级便宜售卖的名牌化妆品。

（5）在对护肤品牌不太了解的情况下，大商场里售卖的名牌产品相对可靠，因为名牌产品经过了市场的长期考验。

（6）尽量同时使用一个牌子的系列护肤品，同时用的牌子太多、太杂，无法鉴别哪个牌子的产品真正适合自己，真正对自己有效。

（7）不同化妆品品牌的功效和针对的人群不同，就算是同一个品牌也会有针对不同人群的不同系列产品，有的是针对年轻人的肌肤，有的是针对开始衰老的肌肤。学习一些护肤品知识并对自身皮肤、品牌特性有所了解是正确选择适合自己的化妆品品牌的关键。

（8）护肤并非女性的专利，男性同样应该注重皮肤的护理和保养，一张干净帅气的脸庞总比油光邋遢的脸看起来更舒服。现在市面上有许多针对男士的专业护肤品牌。

（9）注意身体一些特殊部位肌肤的护理和保养，比如手肘、膝盖、脚后跟、唇边、指关节等。如果不定期做去角质的护理，这些部位的肌肤很有可能就会变黑、变粗糙，产生皲裂与细纹，影响美观，让美好形象大打折扣。

虽然无法彻底祛除皱纹，但能够延缓皱纹形成的时间，延缓肌肤老化的进程，让皮肤的年龄比实际年龄更显年轻。千万要记住，不管选用多么好的护肤品，都不可能让人永葆青春，只能相对延缓肌肤的衰老进程。真正好的皮肤是健康的生活习惯、持之以恒的护理、良好的心态综合得来的，不要只顾着购买昂贵的化妆品而忽略了饮食、锻炼、心态给肌肤带来的改变。

四、彩妆

化妆拥有"化腐朽为神奇"的力量，古代就有"当户理红妆""对镜贴花黄"的诗句，在唐代，女性化妆达到了前所未有的高度。随着时代的发展，化妆已经演变成一门整体造型艺术，它是以人为本，借助绘画与设计艺术中的线条、块面、色彩、图案等语言手段，对人的气质和外在进行整体包装的一门艺术活动。

化妆有两种不同的视觉效果，一种是帮助人改变的化妆，一种是帮助人改善的化妆。改变型化妆常常出现在影视特殊效果化妆中，例如把一个年轻人化成老人，把一个年长者化得年轻些；又或是把美女变成丑女，把人变成动物（如著名音乐剧《猫》中的各种猫的妆面）。而对于日常彩妆而言则是改善型化妆，比如有些人脸较大，可以通过化妆修饰使其显得脸瘦一点，需要明确的是，毕竟不是"削肉削骨"的瘦脸术，单纯的化妆技术无法完全实现将其改变成标致的瓜子脸的效果。日常化妆可以使脸部结构当中的长处凸显出来，得当的妆容能够展示良好的精神风貌。改善型化妆视其不同效果又可以分两种，一种是淡妆，一种是浓妆，淡妆适用于日常生活与工作场合，浓妆适用于时尚类影视舞台表演或者晚宴。至于现在流行的各种不同的妆容叫法，如裸妆、烟熏妆、咬唇妆等，其实是在一定的化妆技法支持前提下，根据色彩、着色位置、材料改变而做出的变化罢了。化妆没有想象那么难，只要掌握了一定的技法，就能够根据场合和流行趋势对自己的脸部加以适度的修饰。在较为正式的场合，得体的妆容会被认为是有礼貌和尊重他人的一种表现。女性在一天初始时越是能精心装扮，越能在一天的工作中应对自如，她能从容淡定、有条不紊地处理各项事务，是从清晨一系列"自我实现"的步骤中获得了存在感和幸福感提升开始的。

毫不夸张地说，化妆对女性，应该是人生中必须学会的一项技能。学会化妆并非要每天必须化妆，而是掌握了此项技能，当有需要的时候可以派上用场。得体的化妆可以展示自己最美的一面，不用每次有需要时都求助于专业彩妆师，做到真正的美丽不求人。

部分持有"化妆会伤皮肤，还是不化为好"观点的朋友不必担心，目前好的彩妆产品兼具护肤功效，做好卸妆、皮肤清洁和护理工作，就算每天化妆，对皮肤也不会造成损伤，反而能起到保护的作用。

市面上琳琅满目、层出不穷的化妆品令人眼花缭乱，想要学好化妆，首先，要对彩妆用品的各项性能和作用有所了解，选择适合自己肤色和肤质的彩妆产品。其次，要掌握一定的化妆技法，化妆技法由许许多多的细节构成，这些细节如何处理，将体现在妆后面容的精致与粗糙程度上。专业彩妆师因为要描画各种不同的妆面，为不同需求的人群服务，故需要进行更为专业、更长时间的学习，还要购买各种不同材质、色彩的化妆品和各种型号的套刷。

普通人不需要花太多时间便能学会为自己化妆，也不需要购买太多过于专业的彩妆用具、用品，购买时量力而行，尽量选择量少的产品和简单的工具，够用即可（图 3-10）。

（一）常用彩妆用品和工具的选购与用法

1. 粉底类

（1）粉底的作用：粉底具有较强的修饰性，其用途是遮盖皮肤的瑕疵，改善皮肤质感，美化肤色，调整面部轮廓、修饰五官比例，使皮肤显得光滑、细腻、匀整，还能够使粉质的彩妆很好地附着在脸上。一些特殊粉底还能制造出特殊的底妆效果。

（2）粉底的种类：粉底有粉底霜、粉底液、膏状粉底的分类。

A. 粉底霜：含油性成分，覆盖力较强，较之粉底液更黏稠。

B. 粉底液：水分大而油分小，质地轻薄，遮盖力弱，用后清爽、舒适，易于清洁，适合夏季使用，适合油性皮肤使用。

C. 膏状粉底（固态粉底）：遮盖性最强，含油成分高，适合于浓妆及各种影视舞台妆。

（3）使用：粉底液涂抹比较方便，但对于脸上有较多瑕疵的人来说，遮瑕效果不是很好；粉底霜比粉底液黏稠一些。粉底液和粉底霜更适合日常妆和皮肤好的人使用，舞台妆或晚宴

图 3-10　各色眼影

妆最好使用膏状粉底。另外，遮瑕膏的功效与粉底膏相近，有遮盖局部的效果，有更强的遮瑕能力。

（4）色彩：粉质颗粒越细腻的粉底涂抹到脸上就越服帖，效果越好。冷基调肤色的人应选择偏冷色的粉底，暖基调肤色的人应选择偏暖色的粉底。明度的选择以与自己脸上的肤色相近或稍白一点的为佳，不要为了追求美白效果一味选择比自己肤色白太多的粉底色号，否则化出来的妆让整个人的脸像刮了一层腻子一样浮夸，而且还会与脖子的色彩形成极大反差，影响整体美感（图3-11）。

有的粉底中会掺入贝壳微粒呈现珠光效果，这种粉底可用于局部提亮，或者在打灯光的摄影棚拍照片时使用。它能折射光线，让肌肤更显得晶莹剔透。

（5）打粉底的工具（图3-12）。

图 3-11　不同色彩的粉底液

图 3-12　打粉底的工具

A. 手指。手指的优势是快，节约粉底液，而且手的皮肤与脸的皮肤相接触有亲和力，能让粉底的油脂温化，增加延展性，但不太容易抹得均匀。

B. 海绵。海绵能更多地蘸取粉底，绵密的孔隙能让粉底照顾到肌肤的每一个面，易操作，能大面积涂抹均匀且快速。初学者使用海绵比较容易将粉底液或者膏状粉底涂抹均匀。海绵的劣势在于其会吸走将近一半的粉底，比较浪费。

C. 刷子。一般专业的彩妆师使用较多。使用刷子打粉底时力度的掌握有一定难度，毛质不好的刷子容易掉毛，所以不太建议普通人选用刷子打粉底。

在工具的选择上，最重要的是自己的习惯，其实无论选用何种工具，只要能将粉底打匀、达到效果即可。粉底的厚薄程度以恰好能遮盖住想要遮盖的瑕疵为最佳，尽量轻薄才能显出皮肤通透的质感。若日常妆粉底打得太厚，会让人看起来像戴了一副面具似的缺乏真实感。较新的打粉底工具还有 HD 高清彩妆喷枪，此为更专业或是为要达到更高水准要求的专业化妆师使用，对使用者的技术和喷枪质量有更高的要求。

选用膏状粉底涂抹时，必须将海绵湿水后拧掉多余的水分，让海绵处于湿润的状态，这样打出来的膏状粉底才会既有遮瑕效果，又轻薄透明。

2. 定妆粉类

（1）作用：能使已经打过粉底的湿润的脸变得干爽，并使粉质彩妆在一个更好的基础上着妆，最后的定妆。

（2）定妆粉的种类：散粉、干粉饼、蜜粉、干湿两用粉等。

A. 散粉和干粉饼：散粉和干粉饼其实质地一样，作用也相同，只不过散粉是松散的，而干粉饼是将粉压制成一个饼形，不容易散落，方便携带。色彩与肤色相近，散粉和干粉都能起到遮瑕的作用（图 3-13）。

图 3-13　散粉、干粉饼

B. 蜜粉：蜜粉与粉饼略有不同，蜜粉色彩由各种浅粉色（粉红、粉紫、粉绿、粉黄）与白色交融形成或是看起来呈白色，蜜粉的形态有散粉状、粉饼状。蜜粉没什么遮瑕力，但好处是可以给予肌肤具有透明度的定妆，妆感轻薄。蜜粉打到脸上只会让脸呈现出干爽的感觉而不影响肤色，无覆盖性，建议对自己的皮肤特别有自信的人使用蜜粉（图3-14）。

图3-14 蜜粉

C. 干湿两用粉：既可以当作干粉饼使用，也可以将海绵湿水再打当作粉底使用。

定妆粉越细腻，打到脸上的效果就越自然。好的散粉不容易脱妆，选择的色彩可参照粉底的选色。

（3）工具：常用粉扑或海绵，有方形、圆形等，一般粉饼盒中会自带，如果是自己化妆最好选择海绵。专业彩妆师多用大号刷子，用大刷子刷粉需要注意在粉盒中粘了粉后在盖子上转几圈，将刷子每一根毛都均匀布满粉，然后再扫到脸上，将粉均匀扫满脸部。用大号刷子扫一遍粉之后，再用小号刷子在鼻梁两侧、眼睛周围、唇角、鼻翼两侧这些大刷子无法刷到的地方补粉。

（4）其他：BB霜、CC霜是近年较流行的产品，兼具粉底液与干粉饼双效合一的效果，适合繁忙而又快节奏的上班族使用。但其遮瑕效果、待妆的持久性与底妆上的色彩，不如分开使用粉底和干粉好。

3. 绘眉类

（1）修眉用眉剪、眉钳、修眉刀、电动剃眉刀、刀片。

专业化妆师多使用修眉刀、电动剃眉刀、刀片。刀片比较危险，使用时刀片要贴着眼皮剃刮，刀片刀口不能与眼周肌肤垂直呈90度角，否则容易割伤眼周肌肤。建议手法不熟练者先使用眉剪或眉钳，在使用之前可使用热毛巾敷一下眉毛周边肌肤，软化毛发，使毛孔张开，减少疼痛感。眉钳在使用时应顺着眉毛的生长方向拔扯。

图 3-15 眉笔与眉刷

图 3-16 眼影

将多余的眉毛剃除，呈现干净有型的眉形会让脸部看起来干净许多。女性修眉就如同男性每天刮胡子一样重要。

（2）画眉用眉笔、眉刷、眉扫、眉影粉、染眉膏、眉毛定型液等（图 3-15）。

眉笔和眉影粉的颜色最好选用深咖啡色或深灰色，即接近自身毛发的颜色，而不要选择纯黑色或偏红的咖啡色，眉毛色度不要超过眼球色度，以免色彩太重吸引了人的注意而影响了眼睛的光泽。

眉毛由线条构成，线条的美感讲究的是虚实相生。眉毛的处理手法是眉头宽一些且色彩淡一些，眉腰、眉峰色彩较重，眉尾细一些、实一些，有虚有实，有浓有淡，有粗有细，这样的线条才富有变化。任何纹眉都比不上手绘

出来的眉毛效果生动、自然。就整体眉形而言，眉毛越宽越不能画得太实，越细则越实。眉毛浓的人只需用眉笔或眉影粉补上缺的部分即可。

4. 眼部彩妆

（1）眼影（图 3-16）。

A. 作用：能调整眼睛结构，使眼部看上去有色彩感，增强视觉注意力。

B. 质地：粉状（哑光、珠光、闪光）、膏状、液状。

粉状眼影在工作中最好使用哑光或略带珠光的，而不应该选择珠光强烈或闪光的眼影，光泽感明显的元素最好不要出现在职场妆面上。选择眼影时，其颜色搭配有讲究。初学化妆的人，不需要买太多的颜色，只需要三色即可，即提亮用的米白色，能让眼睛有色彩感的中明

度、中纯度或低纯度的暖色，加重眼睛深邃感的深色。这三种颜色打在不同的地方会呈现出渐变的效果，熟练掌握三色眼影晕染技法便能根据服装色彩和场合需要变化出多种不同的妆面效果。日常化妆使用粉状眼影持久性比较好，技术也比较容易掌握。

粉状眼影质地越细腻越好，显色度越高，颗粒太粗容易脱妆。有些质量不好的眼影打在眼皮上久了会引起色素沉淀，购买时需注意。

膏状眼影和液状眼影在打完粉底后直接使用，最好用手或者化学纤维材质的扁平刷，画完再打定妆粉。膏状眼影和液状眼影画的时间久了眼影会积到眼皮的褶痕里面去。如果是游泳时需要化妆，则使用膏状眼影不容易脱妆。液状眼影持久性较差，日常妆面较少使用。如想妆容持久，可先用液状眼影，再在上面打一层同色粉质眼影，这样叠加持久性会更好。

C. 工具：画眼影的工具有刷子、海绵棒，眼影盒中常自带海绵棒，用的时候注意定好一个面就一直蘸一个色，如果深浅混用，画出来的眼影就会色泽不均匀、斑斑驳驳，显得很脏。各种号型的刷子更受专业化妆师喜爱（图3-17）。

（2）眼线：眼线笔、眼线液、眼线膏。

眼线的作用是加大和调整眼睛轮廓的形状，强调眼睛黑白对比度，使眼睛更加明亮动人。多用黑色眼线，如果需要妆容自然柔和，可使用棕色眼线。

A. 眼线笔，操作方便，初学者较易掌握，但易脱妆，通常先用眼线笔画完再用眼影按压

图 3-17　各种号型的化妆刷

一下，妆容更持久。

B. 眼线膏、眼线液（图3-18）画上去后一次成型，不容易修改和调整，初学者熟练程度不够的话很难掌握。眼线液画出的眼线较之眼线笔略显生硬，但眼线液的持久性好于眼线笔和眼线膏。

（3）睫毛：睫毛夹、睫毛膏、假睫毛、胶水。

睫毛夹有夹整只眼睛的睫毛的，也有夹局部睫毛的。选购时需注意睫毛夹弧度的大小，弧度大的适合像欧美人那样深邃而较凹的眼睛，弧度小的适合亚洲人较平的眼睛。购买时可先试一下睫毛夹的弧度是否与自己眼睛的弧度相吻合（图3-19）。

常用的睫毛膏多为黑色，常见的类型有纤长型、浓密型两种。购买睫毛膏时可在手上试涂一点，优质的睫毛膏干后是一层胶质，能搓

图 3-18　眼线液

图 3-19　睫毛夹

图 3-20　睫毛膏

图 3-21　假睫毛和胶水

掉，不容易晕染开，不会眨几下就成熊猫眼。在刷头的选择上，越小越好掌握，越适合初学者（图 3-20）。

假睫毛（图 3-21）的长短、疏密、色彩各有不同，根据佩戴场所和需要各取所需。夸张浓密、五颜六色的假睫毛一般在晚宴或舞台上才使用，日常妆只需把睫毛夹翘，刷上黑色睫毛膏即可。

贴美目贴能提升眼尾，将睫毛根部外露，改善眼睛形状，形成双眼皮效果，比较适合单眼皮或内双的人使用。但由于其材质为胶布状，与眼皮存在违和感，故日常妆不建议使用，一般在舞台上或影楼拍照时使用较多。

5. 腮红

（1）作用：让脸色红润有光泽，提升精神状态，同时起到修饰脸部轮廓、结构的作用。

（2）质地：粉状、膏状、液状。

粉状腮红（图 3-22）使用广泛，用刷子均匀刷在两颊即可。膏状腮红、液状腮红在打

图 3-22　粉状腮红

完粉底以后直接涂抹，用手蘸取，轻拍涂匀，之后再打上定妆粉。

6. 唇部产品

（1）作用：提升唇部的滋润度和色彩亮度，修正唇形，使其看起来更加饱满、健康。

（2）种类：唇膏、唇彩、唇线笔、唇刷、唇油、唇釉、唇蜜（图3-23）。

唇膏有覆盖力，唇彩晶莹剔透，唇线笔用于勾勒和调整唇形，唇刷用于涂抹唇膏和唇彩……想使唇部的色彩持久，最好先涂抹口红，然后再抹上唇彩。直接涂抹唇彩，持久性较弱。

唇形不是特别明显、嘴唇不够饱满的人最好使用与口红颜色一致的唇线笔先将唇部轮廓勾勒出来，然后用唇刷蘸上口红涂抹到唇上。这样既能节约口红，又能很好地注意到嘴角等处的细节。直接拿整支口红涂抹达不到这种效果。

7. 其他产品

（1）各式套刷：多为专业化妆师使用（图3-24）。

（2）棉棒：相当于写字、画画时用的橡皮，用于涂改、修正画错的地方。

（3）双修粉饼：脸盘较宽的人修正脸形、瘦脸使用，一般日常妆较少用到。

（4）卷笔刀：修刨眼线笔、眉笔。

（5）卸妆产品：卸妆液、卸妆乳、卸妆油、卸妆棉。

化妆品及各式化妆工具琳琅满目，你可以购买一整套，也可以仅购买最需要的几种。不管用多少产品，最终画出的妆容才是最重要的。我们不提倡唯产品论，不提倡一味追求产品的数量和新奇程度。现今各式彩妆产品种类繁多，换个说法、换个包装又有新的"变化"，但常用的还是粉底液、干粉饼、眉笔、眼线笔、睫毛膏、眼影、口红、腮红。日常使用最好选购量小的包装，把所有这些化妆品用一个化妆包装起来，便于携带和补妆。也可以购买经济实惠的彩妆礼盒，里面几乎所有的彩妆用品一应俱全。

图3-23　唇部产品

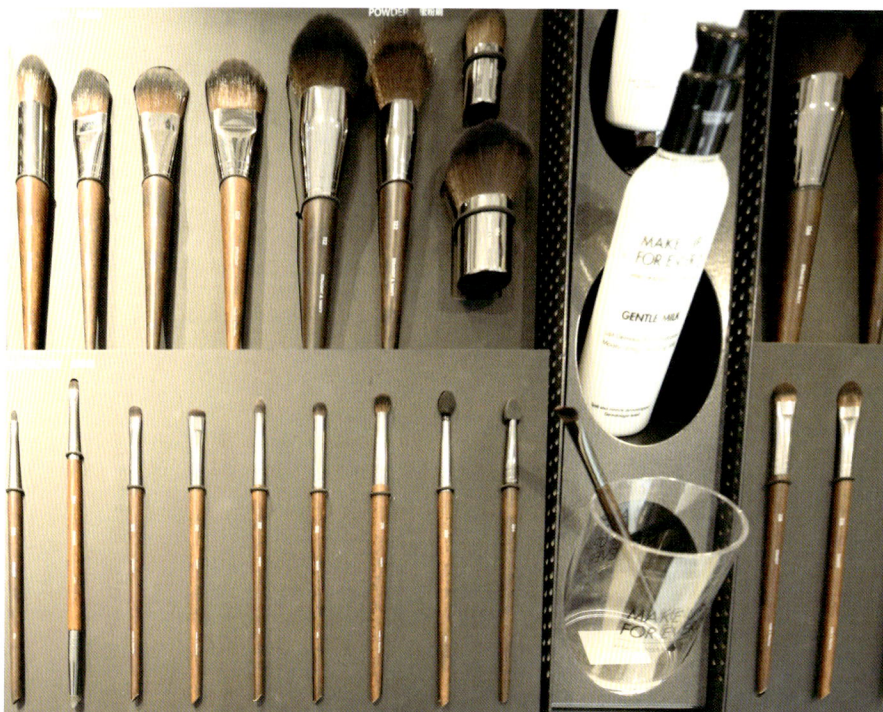

图 3-24 各式套刷和卸妆产品

（二）时尚彩妆技巧

常规的化妆步骤：洁面—打爽肤水—涂乳液—打粉底—扑粉—画眉毛—画眼线—画眼影—夹睫毛—刷睫毛膏—打腮红—画唇线—涂抹唇膏—上唇彩—打定妆粉。完成一个整体的妆容。

妆容美还是不美最重要的是取决于细节的处理，从拿笔的方式到涂抹位置的大小都会影响妆面最后的效果。熟练的技法与彩妆中和谐的色彩搭配，能让脸部瞬间增色。化妆还可根据自身条件和场合进行加减法，比方说眼睛够大就可以不画眼线；天气太热、皮肤又很好就可以不用粉底只用干粉，可以不刷睫毛膏；太阳下出行可在涂乳液之后、打粉底之前增涂防晒乳。下面介绍完整的化妆流程及手法：

（1）

（2）

（3）

（4）

（5）

（6）

（7）

（8）

（9）

（10）

（11）

（12）

图 3-25　日常妆化妆流程及手法

1. 日常妆（图3-25）

（1）（2）将脸洗干净后，打上爽肤水和乳液。

（3）将粉底均匀涂抹于脸部。注意发际线、内眼角、下眼睑、鼻翼两侧、嘴角等位置也要打匀，将粉底打过嘴唇，以便调节唇色。对于毛孔粗大或不太平滑的皮肤，可采用按压的手法，这样打出来的粉底才会比较服帖。

（4）用海绵或粉刷蘸上定妆粉涂抹在脸上。一般海绵第一下会特别厚实，后面随着海绵上的粉越来越少，粉会越来越薄。没有经验的人不太容易将粉打均匀，因此在使用海绵时，第一下着力应该轻一些，到后面逐渐加重。

（5）画眉。眉毛较浅的人可用眉影粉先画出块面，再用削得很尖的眉笔描画。画眉毛的时候应顺着眉毛的生长方向一笔一笔勾画，且每一笔都不应过长，最好不要超过1厘米。不要将眉毛框成某个形状之后再去填颜色，这样画出来的眉形会像贴上去的一样，显得很死板。眉毛末端应位于同侧鼻翼到外眼角的延长线上，这样的眉毛长度是最合适的。

（6）紧贴着睫毛根部画眼线。注意眼线和睫毛根部不要留白，眼线宽度视个人眼睛形状可画3~5毫米，眼尾部稍稍往上提拉，以拉长眼睛。下眼线可画可不画，若要画，只画上眼线2/3的长度。

（7）画眼影。紧贴着睫毛根部用深色晕染出大约5毫米（视每个人眉毛与眼睛之间距离而定）的条状，用中间色在深色上方根据眼睛结构晕染出一个近似橄榄形的色彩带，再在眉骨部位用最浅色提亮，三色形成从上眼睑至眉毛由深到浅的渐变层，掌握晕染技术变换色彩即可营造不同妆面的效果。下眼睑的色彩可用中间色，涂画在外眼角距离内眼角2/3的位置上。画眼影的最高境界是"有形无边"——能看到形，但色与色之间自然过渡，看不到明显的边缘。

（8）（9）将睫毛夹翘，刷睫毛膏。上睫毛从睫毛根部往前刷睫毛膏，下睫毛从睫毛根部竖着刷睫毛膏，都要刷得根根分明。

（10）打腮红。若要强调结构和硬朗的感觉，可用线条运动的方法，从鬓角处往下打，将大多数腮红打在脸的侧面。若要强调色彩和年轻的感觉，可用打圈圈的手法，将腮红打在脸的正面。但无论使用何种手法，腮红的最红处都不要低于鼻子底部。

（11）用唇线笔勾画出唇形，涂抹唇膏。嘴唇较薄的画外唇线，嘴唇较厚的画内唇线，再用唇刷将口红涂满嘴唇。如若希望色彩持久，涂完可用纸巾抿一下后再涂一遍。最后涂唇彩，唇彩涂在下嘴唇的中间可增加光泽感，这样画出来的嘴唇更显立体。

（12）打定妆粉。在化妆的过程中，手碰到脸上，会蹭掉少许彩妆，最后打一些定妆粉将蹭掉的部分修补完整，并起到固妆的作用。

2. 晚宴妆

晚宴妆化妆流程及手法与日常妆相似，区别在于晚宴妆加重粉底和眼影色彩的浓度，采用有光泽感的眼影增加眼部的光亮度，眼线加粗、加长，可佩戴假睫毛，将口红的颜色由浅变深（图3-26）。

图 3-26　日常淡妆与浓妆

（三）彩妆用色与肤色

1. 春季型肤色适合的彩妆用色（图3-27）。

2. 夏季型肤色适合的彩妆用色（图3-28）。

3. 秋季型肤色适合的彩妆用色（图3-29）。

4. 冬季型肤色适合的彩妆用色（图3-30）。

图 3-27

图 3-28

图 3-29

图 3-30

　　有的人化妆后清纯靓丽、明艳动人，而有的人化妆后则给人粗糙、俗气的感觉，这区别源于掌握化妆技法的熟练程度和审美层次的高低。化妆从脸上的每一个微小细节展开，除了技巧，还表达了化妆者对美的欣赏能力和对细节的把握能力。精致的妆容能让人容光焕发、增加量感，适合的服饰色彩范围也会随之增大。

图 3-31 卸妆

（四）卸妆

对经常化妆的人而言，卸妆是非常重要的事情。脸部经历了一天的彩妆覆盖，各种污染和身体的分泌物使皮肤变得疲惫不堪，只有彻底卸妆，皮肤才会恢复到最佳状态。

1. 卸妆产品及功效

（1）卸妆油：卸妆油的主要成分是油和乳化剂。专门对抗浓妆，用卸妆油卸妆轻松而彻底。植物油型的卸妆油质地较为温和，矿物油型的卸妆油对皮肤具有一定的刺激性。长期使用卸妆油容易使脸上长痘，建议只在化浓妆时使用。另外，使用卸妆油一定要先洗干净手，在手和脸干燥的情况下才可以使用。

（2）全效卸妆乳：有油性却不过分，性能温和，适用于各种皮肤。可一次性去除防水睫毛膏及眼部、唇部等各个部位的彩妆，省却了使用眼部、唇部专门卸妆品的麻烦。适合不常化浓妆的人。

（3）卸妆水：不含油分，清爽不油腻，适合油性皮肤使用。但卸妆水去除彩妆的能力不够强，适用于卸淡妆。如果使用了防水眼线液、睫毛膏，卸妆时就要选用专门的局部卸妆产品。

（4）卸妆凝胶：属不含油的卸妆产品，清爽而不油腻，特别适合油性皮肤使用。

2. 正确的卸妆方法

乳状或油状卸妆产品可直接涂抹在脸上，

以手指代替手掌进行揉搓，从脸颊、额头开始，用指腹从脸颊的部位以螺旋方式揉开直至卸妆液的颜色变成粉底色时，再用卸妆棉擦掉，之后再用少量的水乳化，洗面奶洗净即可。

也可以把卸妆乳、卸妆油或卸妆水倒在卸妆棉上，再用卸妆棉进行卸妆（图3-31）。

这里需要提醒大家的是，使用卸妆产品和卸妆棉时要注意节约，把卸妆棉两面都用来涂抹脸部彩妆以后再扔掉，一般来说三四张卸妆棉就可以卸完整脸彩妆。

可用棉花棒蘸卸妆液做局部的清洁，卸后再做常规的护肤步骤。

将卸妆和皮肤的清洁、护理做好，养成良好的习惯，就算经常化妆也不会伤及皮肤。当化妆犹如每天洗脸、刷牙，成为生活的一部分时，就会令人感觉轻松而愉快。

（五）彩妆用品的保存与清洁

（1）选择有效产品，注意产品的保质期。一般来说，粉质的产品保质期会在3年以上，如果保护得好时间会更长。

（2）尽量不要与他人共用化妆品，避免交叉感染。

（3）接触化妆品之前应该先把脸和手洗干净，以防对产品造成污染。

（4）6~12周更换海绵、粉扑。

（5）经常清洁化妆用具。刷子可用洗发水、洗洁精或抗菌型洗手液清洗，有条件的最好使用化妆刷专用清洁剂清洗。把刷子打湿以后，涂抹清洗剂，让刷子在手心打转以彻底清洁，再用水清洗，清洗干净以后用护发素护理。洗干净后用纸巾吸走多余的水分，放在阴凉通风处晾干即可。切记不可用吹风筒快速吹干，以免刷毛变形。海绵类用具则要用洁面乳或香皂清洗。保持化妆工具的清洁，避免滋生细菌，保持其最佳状态进行化妆。

（6）不要往化妆品当中加水，这样会扰乱它的防腐系统。如果粉底液干了，可挤到手上后再加入些护肤乳。每一次使用完化妆品都要盖好包装，如此能让化妆品的使用期限延长。

（7）不要在有暗疮或受感染的皮肤上使用化妆品，不应为了遮挡暗疮而涂抹很厚重的粉底，这样会适得其反。

（8）化妆品应储存在清洁、干爽的地方，不要存放在阳光直接照射的地方，也不要存放在冰箱等潮湿的地方，这样很容易滋生细菌。

（9）化妆品的放置应注意卫生，比如说干粉饼和粉扑要分开放置。

（10）化妆品的保存年限：液体状的一般为 2~3 年，膏状类为 3 年左右，粉状类 3 年以上。具体可参看产品包装上的有效日期。化妆品损坏的常见表现是液状的油水分离或者气味发生改变；粉状的表面变得光滑、发霉、结成硬块或碎为细屑；唇膏 2~3 年开始融化，发出异味，难以涂抹；眼线笔和唇线笔损坏的表现是气味改变，变干或者开始融化；睫毛膏保存期较短一些，为 3~6 个月，损坏表现为干成块状，因此，使用完睫毛膏后不要直接将毛刷捅回管内，而应将毛刷慢慢旋转轻推进管子，以避免空气进去；香水保质期长些，过期的香水会有异味；指甲油损坏表现为干裂。

（11）随身携带化妆包。化妆包总能在关键时刻救场，解决燃眉之急。应定期对自己的梳妆台和化妆包进行整理，淘汰过期、损坏的产品，对各门类的用品归类、收纳，将有助于提高护肤、化妆的效率，养成良好的习惯。

五、与护肤彩妆有关的美丽问答

1 问：秋冬季节头发容易干燥、掉发，还有头皮屑怎么办？

答：每周一两次，用3~5滴姜精油兑3~5毫升植物性基底油（橄榄油、甜杏仁油、荷荷巴油、葡萄籽油等）按摩头部，并用刮痧板刮头皮或用天然材质的梳子梳头20~30分钟，促进头皮血液循环，之后让油在头发上待3~5小时，再用常规洗发流程洗头。这样不仅能滋润头发，使头发快速生长并富有光泽感，还能有效祛除头皮屑。

2 问：基础护肤步骤太繁琐，最简单和最重要的是哪些步骤？

答：洁面和保湿。

3 问：用什么品牌的化妆品较好？

答：因人而异。可根据自身皮肤状况和经济能力，并对化妆品品牌、功效加以了解后才能决定。

4 问：为什么欧美人不怕晒？

答：生活习惯和审美差异所致。

5 问：粉底从什么地方开始打比较好？

答：最好不要把全脸到处点上粉底再涂抹，如果你打粉底的速度不够快，没来得及涂抹的粉底边缘很容易干，打出来的粉底不容易匀整。打粉底最好从脸部中间向外面慢慢延展，最后再打眼睛周围。眼部是化妆的重点，粉底要打得结实些。

6 问：为什么同样的口红，涂在别人唇上好看，涂在自己唇上就不好看了呢？

答：每个人嘴唇的颜色不一样，有的人唇色深，有的人唇色浅。如果是覆盖力较弱的口红，覆盖到唇上就会显现出不同的色彩效果，因此，口红的选色很关键。

7 问：眼线和睫毛膏很容易晕开，换了很多牌子都这样，是什么原因，怎么办？

答：这是由于眼部结构的原因导致的，特别是睫毛朝下的单眼皮容易出现这种情况。缓解办法有将眼睫毛往上夹翘，睫毛夹翘后，贴假睫毛，用胶水将真假睫毛黏合；在眼部打底膏，提高眼线的附着力；直接用双眼皮贴，改变眼部结构。以上几点，可根据个人情况尝试改善。

8 问：画眼影时，眼影掉渣怎么办？

答：将纸巾挡在眼睛下部，让眼影渣掉到纸巾上；刷子蘸好眼影后，用力把眼影渣甩掉再画；如果已经掉在脸上了，就用棉签蘸乳液擦掉再补粉底。

9 问：化妆时，光线、镜子重要么？

答：重要。光线不好掌握不了妆面用色的深浅，最好是使用偏暖的日光灯正面光。若是在侧面光下化妆，化完后两边脸部容易不对称。应选用能把脸部照完整的镜子（尤其是初学者），小镜子只能照到局部。另外，使用镜子时，镜子应和脸部在同一高度上。

10 问：化妆时的姿势重要么？

问：普通人学习化妆，感觉快乐最重要，只要觉得舒服，站着、坐着或各种姿势都没关系。但专业化妆师从一开始就需要严格要求化妆时的姿势，这样才能体现专业感。

11 问：化完妆后，脸很容易泛油光，如何控油和补妆？

答：可在打粉底之前就用专门的控油产品控油。如果泛了油光，不要拿纸巾擦拭，最好用吸油面纸贴在脸部，轻轻按压吸走，吸走油分后再补上粉。

12 问：男人需要化妆吗？

答：看个人喜好。不论化妆还是不化妆，皮肤干净、有光泽才是更重要的。男性化妆没把握好度，会让人觉得有脂粉味、不够阳刚。需要化妆可以打一层薄薄的粉底，将眉毛修剪整齐即可，不必刻意营造妆面的效果。

13 问：如何才能画好裸妆？

答：画看起来完美无瑕的裸妆需要具备三个方面的条件：第一，状态良好的皮肤；第二，高超的化妆技巧；第三，选用与肤色接近的彩妆色系。

14 问：您对整容怎么看？

答：我不太赞成整容。美是一个综合体，美是由内而外的，外在的形象可通过服装、化妆来改善。许多人对自己的身材、相貌不满意，就把希望放在求助于他人或借助于医疗器械上，这是被动改变，而不是主动改变。要想主动改变，有必要主动学习与美相关的知识并付诸实践，提高化妆的技巧及选择合适的衣饰比整容更能让人的形象有意想不到的改变，产生独具特色的魅力。

15 问：为什么跟着视频学习化妆，却得不到视频里看到的妆面效果？

答：拍摄时的灯光、镜头都会影响呈现的效果。

CHAPTER04

第四章

驭装——场合着装美学

第四章
驭装——场合着装美学

随着社会生活的多元化，人们需要出席的场合类型越来越多，每天在各自的生活中扮演着不同的角色，如何选择与场合相对应的着装也随之成为许多人头疼的事情。试想，在施工工地考察，穿着牛仔裤远比一袭长裙方便；在办公室，穿着正装远比穿着运动装得体；在海边、沙滩上一双人字拖远比锃亮的皮鞋适合。现阶段，我国虽然对于不同场合的着装要求没有过多的明文规定，但现代着装规则来源于西方，在国际交往中依然存在许多约定俗成的规矩需要遵守。有的朋友平时对自己的形象不太在意，甚至过于随便，往往到需要出席某个特定场合的关键时刻才发现没有适合的服装可穿，于是匆匆忙忙去购买，但一时又难以买到合适的，只好在衣橱里随意挑一件衣服穿上，结果可想而知，当以不恰当的形象进入特定场合时，一定会令人相当沮丧。

穿衣美学在色彩、造型、材质、场合这四大要素中，穿对场合比其他三项更为重要。一位著名服装设计师说过："有一件事比漂亮更重要——得体。"第一章讲到形象美的四重境界，其中第三重境界就是在了解自己、熟悉服饰搭配规律的基础上，结合时尚流行元素，依据场合和个人不同生活角色的变化，进行各种不同风格的衣着装扮。只有达到这一重境界，才能真正塑造出多变而完美的自身形象，这是一种对美好形象更高层次追求的体现。

如果留心观察别人的衣着，不难发现，在日常工作、生活中，周围人场合着装不当的例子比比皆是：有穿着一身牛仔衣裤、戴着牛仔帽出席时尚晚宴的；有穿着超短裤、吊带背心、网袜担任礼仪比赛评委的；有穿着豹纹大衣、运动鞋参加全国性学术会议的；有穿着花短裤、T恤走上校园讲坛的；有穿着人字拖、运动服去看时装秀的……这样的穿衣打扮或许自己觉得舒适方便、无所谓，可在其他懂规矩的人看来，这是对主办方的不尊重，也会令自己的外在形象大打折扣。

随着社会经济的发展，文化交流日益密切，行业与行业、城市与城市、国家与国家之间互访交流越来越多，如何在对外交流中体现出应有的态度和真诚，是对出访或接待人员个人形象的极大考验。因为这时的你代表的已不仅仅是个人，还展示着个人所在单位、城市甚至国家的形象。诚然，有人会说，这是一个讲究个性的年代，怎么穿是个人的自由。但请别忘了，在张扬个性的同时，作为存在于社会生活中的一分子，需要考虑由此给他人带来的感受，而且，人也需要利用服饰这一无声的语言去传递信息，传递自身的审美情趣。生活需要有张有弛，穿衣也需要合适、适度。有的服饰穿起来很舒服，但却因过于宽松休闲，使我们的身心处于完全放松的状态，无法集中注意力工作；相反，正式场合的服饰，如礼服、职业装等修身合体的款式，虽然穿在身上无法让人感觉很舒服，可穿上它，人就会不由自主地挺胸收腹，提起精神。

场合得体的着装，除了能让人们在恰当的时机通过衣装展现自己的气质、魅力，保持愉悦的心情，还蕴含公共关系学中的奥妙，对人的社交、工作、生活产生重要而深远的影响。与人合作，个人形象体现对合作伙伴的尊重；身在职场，个人形象诠释对工作职位的理解；参加聚会，个人形象展示自身内涵与魅力。特别值得一提的是，年轻父母想要孩子漂亮帅气、出类拔萃，别忘了自己是孩子的第一任美育导师和榜样，美育教育从小开始，从家庭开始，从个人装扮开始。所以，请切记：衣着得体，是最重要的。

场合着装 TPO 现已广泛运用于形象设计领域，成为服饰穿戴的重要法则。它要求着装者穿戴的服装与配饰及相应的发型、化妆要与时间、地点、场合相和谐，与所处环境和场所相匹配，符合着装者的身份、地位。

在 TPO 法则中，T（Time）指时间、季节，早上还是晚上，冬季还是夏季；P（Place）指地点，室内还是室外，办公场所还是家里；O（Object）指穿着的目的，为了什么事情而穿。

不同场合应该如何穿衣，是一门学问，也是现代社会人需要掌握的一项重要技能。需要花心思学习，注意细节处理。在进行衣橱整理、规划时，根据个人需要，视出席场合、每个场合所占的时间比例不同，合理置办相应的衣装。

一、职场

　　回顾周围职场人士的着装，除了一些大型企事业单位、政府机构或外资机构有严格的着装要求与规定，职场中乱穿衣的现象数不胜数，让人瞠目结舌。甚至就算一些衣着讲究的领导提出了衣着要求，部分员工也难以做到，领导除了睁一只眼闭一只眼，也别无他法。请记住，当一个人跨进单位的大门，就已经成为职场中的一员。职业形象是在职场、公众面前树立的印象，通过衣着打扮、言谈举止、为人处世反映出一个人的专业态度、技术能力甚至学识水平。形象，写在每位职业人的脸上、身上，是个人职业生涯的符号，对职业成功有着非凡的意义。职业形象不仅仅代表个人，更是现代社会发展中企业文化的重要组成部分。

　　职业形象要达到的标准包括与个人职业气质相契合，与个人年龄相契合，与工作环境相契合，与工作特点相契合，与行业要求相契合。

　　尽管每个人工作性质有所不同，但职场相对其他场合而言，还是一个更为严谨、理性的场合。除一些企事业单位或特定行业有统一规定的职业装，大部分单位都无具体的着装规范。但无论如何，职场着装都应以严谨、大方、得体作为主要指导依据。

（一）适宜出现在职场的女士服饰及形象

　　（1）服装：职业套装；非休闲类的针织衫、衬衫、西服款式的外套配裙子或长裤；有袖的连衣裙。裙长在膝盖上下10厘米。轮廓造型稳定、线条挺括、质地考究、富有品位，面料不易产生皱褶，无过多琐碎装饰。

　　（2）发型：简洁干练，无毛刺，刘海不要挡住眼睛，马尾或盘发要梳得干净利索，适当使用美发产品以增强头发的造型感。

图 4-1　适宜出现在职场的女士服饰及形象

（3）妆容：淡妆，化妆品最好选用自然的色系。

（4）配饰：不会发出声音的简洁、大方的饰品，佩戴数量不超过 3 件；包头或鱼嘴的船鞋，平跟、中跟或高跟均可；透明质感的肉色、浅灰色丝袜，袜口避免露在裙子外面；简洁无

过多装饰的背包或手拎包；皮质或金属表链的石英表或机械表。

（5）色彩、图案：以黑、白和各种优雅的中低纯度灰色为主；素色比图案更显正式。

适宜出现在职场的女士服饰及形象如图 4-1 所示。

（二）不适宜出现在职场的女士服饰及形象

（1）超短裙（裤）、拖地长裙，紧身、薄而透明、暴露、镂空的、过于松垮的衣裙；吊带衣裙。

（2）大型的、夸张的图案，尤其是凶猛威武的动物图案、卡通图案等。

（3）高纯度鲜艳的色彩、荧光色及撞色搭配。

（4）夏天穿浅色服装时穿着有花边的或色彩鲜艳的内衣。

（5）易皱的或闪光的面料。

（6）大面积闪光的珠片或烫钻装饰。

（7）细跟、细带的凉鞋或拖鞋，厚底的恨天高，鞋跟怪异、鞋面上有大型夸张装饰、色彩绚丽的鞋子。

（8）走起路来叮当响的饰品。

（9）网袜或色彩艳丽的袜子。

（10）浓艳的妆容。

（11）帽子、墨镜，头箍或头巾。

（12）过于浓重的香水味。

（13）五颜六色的头发、夸张怪异的发型。

（14）缀满小装饰的指甲。

（15）运动服。

图4-2 这些服饰虽然各具特色，但却不适宜出现在职场上。

图 4-2　不适宜出现在职场的女士服饰

（三）适宜出现在职场的男士服饰及形象

（1）服装：西服套装；便服式西装；毛衣；夹克；非休闲类有领针织衫（Polo衫）；白色或浅色硬领衬衫，细条纹、细格子衬衫；卡其色或低纯度灰色斜纹布裤子；细条纹灯芯绒裤子。

（2）饰品：佩戴不超过3件。

（3）鞋袜：黑色或深棕色的正装、半正装皮鞋；袜子颜色与裤子颜色相近，以棉、毛、丝质为佳。

（4）发型：修剪适度，简洁干练而不凌乱，适当用些美发产品以增强头发的造型感。

（5）包：外形规矩、简洁的手提包。

（6）色彩、图案：以黑、白和各种优雅的中低纯度灰色为主；素色比图案更显正式。

适宜出现在职场的男士服饰及形象如图4-3所示。

图4-3 适宜出现在职场的男士服饰及形象

（四）不适宜出现在职场的男士服饰及形象

（1）短裤，尤其是沙滩裤、背心、休闲T恤、户外服、运动服等。

（2）大型夸张的动物图案、花卉图案、卡通图案、波普图案等。

（3）高纯度鲜艳夺目的色彩。

（4）拖鞋、塑料凉鞋、洞洞鞋。

（5）帽子、墨镜。

（6）浓重的香水味或汗味。

（7）长指甲，尤其是只留小拇指的长指甲。

（8）五颜六色的头发、夸张怪异的发型。

图 4-4 这些服饰虽然各具特色，但却不适宜出现在职场上。

图 4-4 不适宜出现在职场的男士服饰

图 4-5　衬衫的正确穿法

二、职场着装其他注意事项

（一）穿衬衫的注意事项

（1）首推素色硬领衬衫，素色比条纹更显正式。

（2）面料以纯棉高支纱最为常见，款式线条简洁，穿之前要熨烫平整。

（3）长袖衬衫需佩戴领带，短袖衬衫不需佩戴领带。

（4）每天更换衬衫，建议一周之内不重复，并保持衬衫的整洁。

（5）出席公务场合应把衬衫束在裤子里面。

（6）避免穿红色、黑色等颜色过深的内衣。一般在衬衫里面不穿保暖内衣、背心之类的衣物，以免露出内衣领口、袖口或背心的印子，影响美观，天气实在太冷可以选择浅色 V 领保暖内衣打底。

（7）袖子的长度要盖过腕骨。

（8）正式场合不能穿短袖衬衫，穿长袖衬衫时不能将袖子挽起来。

衬衫的正确穿法如图 4-5 所示。

（二）穿西装的注意事项

（1）穿西装时，最下面的一颗扣子不扣。

（2）西装领子要比衬衫领子低1~1.5厘米。选择衬衫时要注意领围的大小，以穿着后能放下一根手指为准，领围太紧会让人呼吸困难，太松则会令人感觉没精神。

（3）西装袖口的商标一定要摘下。

（4）衬衫袖口应比西装袖口长1.5厘米左右，穿着西装后放松站直，手臂自然下垂，以西装袖口到拇指第一关节为佳。

（5）自然站立，裤长到达脚面，略有富余，裤子后面离地约2厘米，如果裤子太短会让人觉得比例不和谐。这里所指的是传统西装的裤长，一些时尚类修身款西装搭配九分甚至七分窄身裤，更显精干和个性。

（6）面料以纯羊毛或高比例羊毛与化学纤维混纺为主。

（7）西装以素色暗条为佳。与衬衫、领带搭配一起穿着时，色彩选择"三素"原则，也就是素色的衬衫、素色的西装、素色的领带；或者是"两素一花"，素色的衬衫、素色的西装，花色的领带。在衬衫、西装、领带这三个元素搭配中要注意色彩深浅的变化，如深色的衬衫和西装最好搭配浅色的领带。色彩有深浅的变化方可提升层次感，彰显其丰富内涵。

（8）领带长度以能碰到皮带扣为佳，宽度与西服翻领的宽度相同，即窄领配窄的领带，宽领配宽的领带。领带的打法有很多种，有小结、中结和大结，视每个人的身材比例而定，身材魁梧的人适合大结，身材瘦小的男士适合小结。质地以丝质面料为佳。领带不同图案代表不同含义，如斜纹代表勇敢，波纹线代表活泼跳跃，圆点代表关怀。可以视场合的不同选用不同风格的领带，如在商务谈判的场合就可以选用斜纹图案领带，以显示出谈判者的果敢；在对下属进行慰问时可选择圆点图案领带，以表示对下属的关怀之情。图案是有表情的，男士的心情可以通过领带图案这一无声的语言传递出来。

（9）袋巾和领带不能是同样的材质，最好是同色系以表现品位。

（10）皮带和皮鞋质地可以不同，但是色彩必须一致。鞋子以绑带的正装皮鞋为佳，皮带以简洁的皮带扣和表面肌理效果不过于复杂的皮面为佳。皮带上不能别钥匙、钱袋或手机等。

（11）很多人西装搭配得很好，却忽略了袜子的选择。有的人穿白色或浅色的运动袜配黑色皮鞋，这是非常不合适的，应选择深色丝质或者羊毛材质的，袜筒较长的袜子。

（12）西装口袋里不宜装得鼓鼓囊囊的。

（13）应选用款式简洁的公文包。

（14）应选择金属外壳的机械表，表带可以是传统的皮质表带，也可以是金属表带。避免佩戴电子表。手表是男性最重要的装饰之一。

西装的正确穿法如图4-6所示。

相较于刻板与规整的传统西装，便服式的西装（休闲西装，图4-7）在西装的廓形、内部

图 4-6 西装的正确穿法

图 4-7 便服式的西装

结构线、细节、装饰和搭配上有了更多的变化。便服式西装基本上是单件的，面料可以是斜纹布、灯芯绒、牛仔甚至是一些新型高科技材质，色彩变化也更为多样，上装可以搭配毛衣、T恤，下装可以配牛仔裤、休闲裤甚至短裤，也可以搭配旅游鞋、板鞋、休闲鞋，让混搭成为可能。这样的配搭方式更适合一些从事具有创意性、艺术性的职业或者出席时尚派对。如果穿着传统西装，还是需要遵循前面提到的规矩。但不管是何种类型的西装，穿对场合才是最重要的。

现代职场一般可以分为传统职场和非传统职场。传统职场包括银行、证券、金融、保险、投资、法律、政府机关等单位，这种类型的单位着装较严谨、保守。非传统职场包括媒体、高科技产业、院校、艺术创意机构、大部分私营企业等行业，这些行业对穿什么服装上班没有严格要求，服装可以不那么保守，视工作性质可加入一些设计感和时尚度。如女性在配饰或局部装饰、服装的整体款式、造型上可稍微有一些夸张度和装饰感，可以选择用一件非正式的单品搭配一件正式的单品，这样既不刻板，也不随便，整个人看起来既体面又轻松。但是无论何种工作性质，切记工作场合中不应出现大红大绿等艳丽的色彩搭配，也不宜穿金戴银或穿着性感暴露的服装。需要注意将生活与职场区分清楚，不要把生活、休闲状态下的松散、随意带到工作中，以免影响他人对自己能力的评价，使个人的职业态度受到质疑。

三、社交礼仪场合

随着国际化进程的加快，社交活动与对外交流日益增多，对于社交礼仪服饰的选择也越来越讲究，有些正式场合，服装不达到要求不能入内。一些社交活动的请柬上会注明"请着正装（Formal Wear）"。一般而言，带有国际交流性质的酒会、官方庆典、大型商务聚会均属于正式社交礼仪活动，就算请柬上没有标注对着装的要求，也需要按照国际惯例穿着。

（一）女士社交礼仪形象

社交场合按时间可分为白天、晚上。

（1）日礼服：一般商务场合可选择套装。套装款式有别于传统职场中以深色西装裙（裤）为主较为保守的套装款式，社交场合的套装以裙装为主，可以有一定的设计感，如无领的套装裙，加上一两件款式大方精致的饰品，或者是色彩淡雅而柔和、质地精良挺括的连衣裙。

（2）晚礼服：依据场合的隆重程度来选择款式、色彩高贵华丽或者格调优雅的礼服裙。礼服的面料较其他服装更为精致，可以是有一定光泽感的面料，再配以精致的耳环、项链等。如果约会场所空调较冷，可加一条轻薄的丝质披肩，更显女性气质；如果是天气较冷，外披皮草或大衣，更显女性的雍容大度。晚礼服应搭配缎面或带有珠绣装饰的小巧精致的手拎包。发型、化妆可较日常更为夸张和浓艳。除了西式礼服，中式缎面旗袍也是不错的选择。隆重的场合（如明星走红地毯）才选择拖地露肩或露背款式，这些晚礼服多为精美真丝或是高科技有悬垂感的面料，面料上使用一些再造的手法进行加工处理，如钉珠、镶钻、镶亮片和立体花的造型。切忌穿上从影楼或舞台服装出租公司租用所谓的晚装裙赴宴，这会显得你像登台演出，与礼仪场合格格不入。

在众多女性裙装中，尤以经典无领、无袖小黑裙最为实用。上班时外面套上一件小西装或者针织开衫，可以抵挡空调冷风的侵袭，并且看起来也非常简洁、干练。下班后需要会客的话只要花些心思配上有设计感的腰带或项链、胸针等饰品，换上一个手拎包，妆容加重一些，把头发盘起或吹烫成有型的卷发，同是一身衣服，即可从上班族摇身一变，成为晚宴中一道闪亮的风景。

女士社交礼仪形象如图 4-8 所示。

图 4-8　女士社交礼仪形象

（二）男士社交场合着装

西装是男士社交场合着装最主要的选择之一，传统西装依隆重程度可分为正式西装、缎面领西装、燕尾服等，其中燕尾服最为隆重，一般的礼仪场合较少穿着。在礼仪场合，领结比领带更为正式。这些年，领结已成为男士非常重要的装饰品。除了领结，袖扣也是男士另一个重要的饰品，袖扣有金属、珍珠等不同质地。真正会使用袖扣的男士，是精品男士的代表。

除了正式西装，上了一点年纪的男士穿中山装或中国传统风格的唐装也是不错的选择，但选择这两者作为礼服，在面料及制作工艺上需十分考究。

男士社交场合着装如图4-9所示。

图4-9 男士社交场合着装

四、休闲场合

休闲场合着装，是指非上班和非正式礼仪场合所穿的服装。休闲场合包括旅游、逛街、访亲访友、家居、日常运动等，它不同于工作和社交礼仪场合，休闲场合的着装有很大的发挥空间，可以依据之前学到的服装款式、色彩搭配、化妆技巧，加入适合自己的时尚流行元素，尽情释放自我，发挥服装搭配的创意，变换不同造型，享受打造自身不同形象带来的乐趣，丰富生活内容。但请记住，不论何种场合，得体依然是最重要的。

（一）旅游

越来越多的人利用闲暇之余外出旅游，开阔视野。一些人在外出旅游时的各种不佳形象、服装组合，及与之相随的不得当的行为举止，不但会影响个人形象，也会影响他人欣赏美丽风景的好心情。喜欢留影之人，还会因为穿衣不当而无法在美景前留下美丽的影像，留下遗憾。这些年，许多媒体鼓吹"人生要有一场说走就走的旅行"，单从字面上理解远远不够全面，所谓的"说走就走"也许代表的只是一种心情。现实中，如若外出旅游，就个人形象这项，至少应该事先查询目的地的天气，带适合的服饰，避免因没带够服装着凉生病，或是带的衣服太厚而热得影响了游玩的心情，做到有备无患。

1. 服装轻便、体积小是首选

基于安全考虑，除非是去海边可以穿裙装，一般情况下的爬山远足，即使在炎热的夏季也最好穿裤装。有些寺庙不允许游客有过多的皮肤暴露，穿吊带裙、短裤会被视为不敬而不能入内。裤子可以选择棉麻、针织、牛仔等质地，针织面料的弹性和舒适感十分便于出远门长途坐车或坐飞机，若因穿着不舒服的裤子而影响了旅行心情，那是得不偿失的；牛仔裤耐磨耐脏，也是不错的选择。有的朋友喜欢一身运动装出游，如果是时装类运动服也许还说得过去，但如果是较为专业的运动服则会显得和周围的环境格格不入，请一定注意。

（1）春夏季出游：选择易干、不易皱且穿着舒适的 T 恤、牛仔裤及针织服装。就算是炎热的夏天也最好随身带一件长袖或一条薄的长方形披肩，以应对空调大巴、飞机场、酒店、商场等空调温度过低的情况。若前往很热的地方或是海边，热带风情的大花裙子、热裤吊带背心也是不错的选择。

（2）秋冬季出游：可选择轻薄的羊毛（羊绒）套头毛衣或开衫、卫衣、短款羽绒服（或羽绒背心）、薄棉衣、夹克外套、牛仔裤、厚针织服装。注意以轻便、实用为主，不要让一件大衣或又长又厚的羽绒服占去半个箱子，更不要带厚重的皮衣以免乘坐飞机时行李超重。有的薄羽绒服很轻，用袋子收起才几十克，携带方便，放到包里也不占空间。薄而轻的羊毛围巾是必备物品之一，冷的时候一条围巾可以抵上一件厚外套。

2. 鞋子

安全防滑的有襻塑料凉鞋适合在雨天或海边穿着；能将脚全包裹的防滑运动鞋或轻便鞋适合在晴天或爬山、徒步穿着；泡沫人字拖鞋适合洗澡或晚上散步穿着。建议出门超过5天至少携带3双鞋子（其中一双为塑料凉鞋或泡沫人字拖），这3双鞋足以应付旅行中鞋子湿、坏等各种意外并确保旅途安全，方便替换。可以不使用酒店提供的一次性拖鞋，利于环保。

3. 色彩

依据所去地方做服饰的色彩规划，到自然风景区游山玩水，欣赏大自然的美好风光，可选择高纯度色彩鲜艳亮丽的衣饰，如红黄蓝的搭配或者是红和绿的撞色搭配，都能和浓郁的自然景色相得益彰。若是到大都市，尤其是到建筑和整个环境多以灰调子为主的城市，这时黑白和各种与当地建筑色调相类似的灰调子色彩搭配的衣饰会让你更快地融入周围的环境当中。服装的色彩最好与旅游环境的色彩相呼应，这样拍出来的照片画面整体色调更显和谐。

4. 随身背包

选用稍大的轻型材质的斜挎包或双肩包，里面能放下诸如雨伞、矿泉水、钱包、眼镜、手机、纸巾之类的物件。最好不要拿手拎包，以便腾出手来照相。乘飞机前托运完行李，背着随身包可以轻松逛机场里的商场。

5. 旅行箱

以24~28寸的旅行箱为宜，轻型材质是首选，避免超重。出发前别装得太满，预留1/3或1/2的空间，以备放置旅游过程当中购买的物品，避免旅游回程时提着大包小包，还可有效防止因行李件数太多拿错或丢失。如果计划在旅途中大量购物的，最好再加带上一个能手拎上飞机的轻便旅行包备用。

6. 其他：雨伞、墨镜、各种小包

小包有如下几种：（1）放洗漱用品的塑料材质小包，放置牙膏、牙刷、洗发水、护发素、沐浴露、洁面乳、头发定型产品、止汗香露、毛巾（一些注重环保的酒店不提供一次性洗漱用品）；（2）放置护肤品的小包，爽肤水、乳液、精华素、防晒霜、眼霜、面膜、卸妆液等（全部用小瓶分装）；（3）放置彩妆品的小包，粉底液、粉饼、眼影、眼线、睫毛膏、眉笔、腮红、口红等。

旅游着装如图4-10所示。

如果旅游的同时还需要进行考察交流或是开展公务性质的拜会、前往剧院欣赏歌剧等活动，则必须再加带一套正装、鞋子和包。不能穿着旅游的休闲服装会见客人或是出席礼仪场合，避免因着装不当而带来尴尬。

图 4-10 旅游着装

（二）逛街、访友、约会

逛街、访友穿得太正式反而显得生疏，此时要尽可能地展现自我风格，可以是个性化的着装，也可以是时髦流行的装扮。但逛街时对于鞋子的选择很重要，尤其是女性朋友，请不要为了款式好看而忽略了功能性，别让美丽的高跟鞋成为走路的负担。

逢年过节等节庆时刻，可穿着较为正式、

图 4-11　逛街、访友、约会的着装

稳重的服装，中式、西式均可，最好搭配中国人喜爱的红色、金色等喜庆色彩的饰品，衬托出欢乐热闹、吉祥喜庆的年节气氛。

逛街、访友、约会的着装如图 4-11 所示。

（三）日常运动健身

随着全民健身运动的开展，运动也成了时尚的生活方式之一。运动服种类繁多，不少品牌的运动系列服饰有由专业化向时装化发展的趋势。除非是专业的体育竞赛，需要穿戴相应的专业装备，平常的健身运动伴随着大幅度的肢体动作，应当首要考虑功能性，能伸展自如、穿脱方便，多选择棉质、棉加莱卡或吸汗性、透气性较好的化学纤维面料服装。一定要选择适合开展该项运动的鞋子，以免因鞋子的不适而造成脚部受伤。色彩可根据个人适合及喜好选择，通常运动服的色彩鲜艳亮丽。对大多数人而言，普通的运动服就可以应付各种健身运动。但如果在某个运动项目中已经具备了专业的水准，进行该项目已成为你展示自我的平台，可以多花一些钱去置办一整套专业的装备。

日常运动健身着装如图 4-12 所示。

图 4-12　日常运动健身着装

（四）家居

家居服分休闲家居服和睡衣两类。家居服贴身穿着，最好选择棉、麻、丝等天然材质的服装，因为天然材质与皮肤有很好的亲和力，触感柔和，比化学纤维面料更加亲切、健康。家居服尽量避免大红大绿或者过于深、冷的色彩，家是温馨的港湾，刺眼的色彩看久了容易视觉疲劳，不利于休息。请选择宽松的款式，通过柔和的色彩、舒适的面料、细腻的条纹、圆点或趣味的卡通图案营造出居家的休闲情调，培养和展现温馨的亲情。家居服装不仅需要穿着舒适，家庭中每位成员和谐的着装，也是维护家庭和睦、展现家庭品位和生活方式的重要表现（图4-13）。

（五）内衣

内衣讲究功能性和卫生，女性内衣除了这两方面的诉求，塑造身材曲线也是重要的考虑依据。内衣与肌肤有着亲密的关系，各种超薄、超柔软、超弹性、高科技化学合成纤维材料被大量运用到内衣上，内衣的选择越来越多样。文胸是女性内衣的重要一员，可根据个人的胸型选择适合的杯型和尺码，太紧或太松都不合适，太紧不利于健康，太松不利于美观。如果胸型不是特别漂亮，应选用三颗扣或者四颗扣的调整型文胸。穿薄款的外衣请选择肉色光面文胸，穿背心、吊带衣裙要选择无肩带的内衣，因为就算是透明肩带也会让人产生廉价的质感。好的文胸能适当修饰胸部曲线，起到塑造形体的作用（图4-14）。

图4-13 家居服

图4-14 女性内衣

五、其他场合

（一）求职应聘面试

对大部分人而言，求职应聘面试是谋得一份好职业的必经关卡。应聘者除了需要具备专业技能、应变能力、沟通能力以及对这份工作的理解，着装也是面试成功与否的重要因素。因为有经验的面试官，通过着装便能看出参加面试之人的审美观念、内心态度、经济条件以及生活环境和自信与否。求职应聘面试是一项微妙的形象竞争，做好准备，知己知彼，才能打赢这场求职战。

面试之前，首先要了解该用人单位的性质，是政府机关、企业还是事业单位，是国有企业、外资企业还是私营企业，单位规模以及谋求职位的性质。其次，要了解该用人单位员工工作时的衣着形式和色彩，因为任何一个单位都有成文或不成文的着装规范或忌讳。如果对面试的职位非常向往，并期待成功，不妨花时间对这个单位员工的着装进行一些了解，在面试时尊重对方的着装审美习惯。虽然不同的单位规范不同，但各行业的习惯还是有规律可循的：比如业务员和销售人员的衣着通常会比较专业、保守，不会有过多装饰；公务员的打扮简洁、干练，在政府机关工作，不适合穿着色彩过于鲜艳的服装，应选择质地较好的面料和中性、灰色调的服饰；若是公司企业的中高层管理人员，色彩款式不可过于花哨，可选择西服套装或是西装套裙，要稳重大方，让人感觉到你是一个能堪重任之人，服装需要有一定的品质感，不可选择透明或是廉价的服装，以免给人留下不值得信任的印象；若是设计师或艺术工作者，如艺术院校教师或是时尚媒体、创意产业从业人员，那么衣着就需要在不失稳重的前提下融入一些创意性和艺术性，个性的 DIY 和有创意的穿着，能够凸显个人特点和行业特质。

在面试官眼中，人的形象从某种意义上决定了个人的价值。这隐隐传递出的信息会告诉面试官，应聘者是否很重视此次面试的机会，是否重视细节，能否保持全力以赴的工作态度，是否了解并且尊重单位对于专业形象的要求标准。这些信息是让面试官相信应聘者确实很能干的重要基础，个人形象的好与不好，在现代社会中本身就是个人能力的一种体现。

（二）探望病人

去探望病人时应让病人感觉到来访人由衷的关怀之情。当人身体不舒服的时候会对色彩特别敏感，请不要穿白、黑、鲜红或鲜黄等颜色的衣服去探望病人，因为白色和医生的白大褂一样，黑色显得沉重而悲伤，鲜红色如鲜血一般，容易勾起因外伤住院病人的可怕回忆，而鲜艳亮眼的色彩未免会显得有些幸灾乐祸。探望病人最好穿着温馨柔和的色彩、柔软面料的服装，让病人从来访者的着装上感受到真切的关怀之情。

（三）参加悼念活动

追悼会、葬礼是悲戚的场合，是最不适宜彰显自己个性的地方，此时无论平时风格、个性如何，都应收起。任何鲜艳的色彩或是趣味性的图案，浓妆艳抹、性感怪异的着装都会显得不合时宜。应着黑、白、灰等无彩色和无光泽感面料的服装，款式尽量素雅、简洁，少装饰，不需化妆或只化淡妆，用服饰语言表达对逝者的尊敬和哀伤之情。

综上所述，每一个人、每一天都有可能经历不同的场合，在不同的场合中，服装始终扮演着微妙的角色，得体的服装是塑造完美形象的关键。根据需要置办好相应的服装，避免产生"衣到穿时方恨少"的感叹，合理规划、购置服饰，才能做到有备无患。

六、与场合着装有关的美丽问答

1 问：上电视该如何选择服装?

答：正式套装是最佳选择，也可需视节目性质和主题而定正式或休闲的程度。但不管节目性质如何，以下几点还是需要注意。第一，服装色彩不要与舞台或场景背景的颜色一致，否则人会"陷入"背景中不容易被看到，可选择与背景有一定对比且又在局部有呼应的色彩；第二，细条纹图案上镜会产生晃动感，纹身图案、夸张而对比强烈的图案会分散观众的视觉注意力；第三，修身合体的服装比宽松的服装好，强对比的色彩搭配比弱对比的色彩搭配好；第四，了解主持人或是旁边嘉宾的服装，相互之间服饰的色彩最好有关联性。

2 问：男士穿西装为什么不能配太短或白色的袜子?

答：与西服相搭配的袜子长短应以坐着的时候不露出小腿皮肤为佳，而且色调最好与裤子、皮鞋一致。

3 问：女性参加婚礼时，哪些色彩的服装不能穿?

答：一身皆是白色或红色的服装不太合时宜，会让来宾分不清谁是新娘。黑色服装太严肃也不太合适，如果非要穿黑色，最好裸露手臂、领口或是背部，再用一些喜庆元素的饰品做细节装饰。

4

问：**女性非要穿高跟鞋吗?**

答：作为女性，并非时时刻刻都要穿高跟鞋，但需要具备穿高跟鞋的能力。不可否认，穿对了高跟鞋，可以改变一个女人的体态、气质和对待服饰的态度，多几分自信与优雅。

5

问：**面试进入复试该穿初试时的服装还是要换一套?**

答：面试进入复试表明初试时穿对了服装，复试时别穿反差太大的服装，也不要穿和初试时一模一样的服装，可换一身与之前那套服装风格相似但色彩或细节有所变化的装扮。

6

家居服或睡衣穿到公众场合合适吗?

答：家居服或睡衣只能在家中起居或睡觉时穿着，不能穿到家以外的地方。若是在家宴请客人，或是在附近买菜、散步，则应该脱下睡衣，换上休闲类的家居服。

CHAPTER05

第五章

理橱——衣橱管理与衣物保养

第五章
理橱——衣橱管理与衣物保养

　　衣橱，是家庭中最为私密的地方之一，它置放的是衣饰，盛放的是个人经历、心思、故事和情怀。随着物品的不断变更、交替，它弥漫着岁月的馨香，记录着成长的印记，见证着一个人或一家人的蜕变。生活节奏的日益加快，当人们选择适合自己风格的服饰并购买回家之后，如何将这些服饰管理好、保养好，并在适宜的季节清理好，需要穿着时能准确、迅速地拿取穿戴，是现代人迫切需要学习的新课题。良好的衣橱管理意味着高效率、高品质的生活。否则，源源不断地购置衣物，毫无规律、毫无章法地将其"挤入"衣橱，带来的后果只能是衣服越堆越多，衣橱则会显得越来越小、越来越不够用。每次外出挑选衣饰时都要花费大量时间和精力，如大海捞针般大费周折才能将其"打捞"出来；甚至完全不记得自己究竟有什么样的衣饰，任其在衣橱里躺着而毫无使用率。其实，只需要花些时间学会管理衣橱并付诸实践，你会发现，购衣将不再盲目，每天选取合适的服装也并不困难。

　　衣橱形象决定个人形象，对待衣橱的态度和衣橱的呈现同样能看出一个人的生活方式和生活态度。对追求高品质生活的人而言，衣橱是承载每天美丽旅程的亲密伴侣，是收纳个人万变形象的魔法宝库，他们与衣橱的关系健康、良好，衣橱也是属于他们个人、属于家庭的一个幸福空间。而对部分人而言，衣橱也许仅是一个挂满衣物和配饰的柜子，或者是一个专门用来堆放杂物的储藏柜，他们与衣橱的关系非常糟糕。"衣橱不整，何以穿戴美"，这样的人的形象可见一斑。

图 5-1

有人认为衣服越多越好，尤其是女性，无论衣服有多少，每天起床面对衣橱选择服饰时都很艰难，半天出不了门，永远都觉得自己的衣橱里少一件衣服。还有的人，看见喜欢的就买，只享受购物的过程，买回去也不穿，日积月累，衣服越积越多，每天穿衣需要从塞得满满当当的衣橱中抽出好几件才能最终找到适合当天穿的衣服，浪费了很多的时间和金钱，或许还没有一个好的形象。其实，服装之美不在于数量的多少，而在于质量的好坏，即购置少而精的服饰，通过服装与服装之间、服装与配饰之间相互搭配呈现出不同的视觉效果，同样能让人眼前一亮。如将同一件上衣搭配不同款式的裙子、裤子，也许会呈现出轻松休闲、严谨工作两种不一样的视觉效果。聪明而懂得生活的人需要拥有了解自己身体的智慧，选择服饰的智慧，衣橱管理的智慧。一个秩序井然、管理妥善的衣橱能创造出更出色、更得体的完美形象。相反，一个凌乱不堪、不甚整洁的置衣杂物柜，不仅会让人在选择衣服时浪费掉许多宝贵的时间，还会因为管理不当而将皱巴巴的衣饰穿在身上，让人品位尽失。

每天清晨，打开衣橱装扮自己的那一刻，可能就预示着这一天是糟糕的开始，还是美丽的开始。每天的幸福可以从打扮自己的那一刻开始，一生的美丽可以从成功打造优雅衣橱的那一刻开始。

通过对衣橱有序管理，还能使人们在忙碌的工作之余用最短时间找出想要的衣服，并有效地搭配出理想的穿着形象（图 5-1）。

快节奏的现代生活方式使人们需要面对不同的场合，根据大多数人的工作、生活状态，衣橱里应该拥有不同类别的服装。

一、衣橱中应有的服装类别

（一）职业装

上班服或是适合商务、公务活动穿着的服装，多为正装、套装（图5-2）。

图 5-2　职业装

（二）便装

逛街、聚会、旅行、郊游时穿着的服装，比正装、套装稍显随意、休闲些的服装（图5-3）。

图 5-3　正式休闲服

（三）家居休闲服

买菜、散步、接送孩子时穿着的服装，穿着时轻松自在的外出服（图5-4）。

图5-4　家居休闲服

（四）运动服

打球、跑步、游泳、健身时穿着的服装，因运动项目不同而具有不同功能和特性的服装（图 5–5）。

图 5–5　运动服

（五）礼仪服

参加典礼、庆功宴、晚宴、年会、酒会、音乐会、高规格的戏剧演出等社交活动时穿着的服装（图5-6）。

图 5-6　礼仪服

（六）睡衣

睡眠时穿着的有利于人身心放松的服装（图5-7）。

（七）内衣

贴身穿的、直接接触身体的衣物，如汗衫、内裤、文胸、保暖内衣（裤）等（图5-8）。

图 5-7　睡衣

图 5-8　内衣

在衣橱中，服装的种类、比例依据每个人不同的生活、工作状态而定。如果是一位从周一到周五每天需要工作八小时的上班族，那么职业装就要占据衣橱至少一半的比例；如果是一位全职的家庭主妇，那么职业装就可以只占有很少的比例。列出一周出席场合的清单，便可知道各类服装应该占有的比例，是不是每一种类型都已经有适合的服装。还可以视每天出席场合的时间和比例，去规划某种场合的服装需要的开支。平时注意将所需种类的服装置办齐全，关键时刻便不会为各种场合如何穿衣大伤脑筋了。

二、整理衣橱的六大步骤

如果衣橱已经堆积如山、乱七八糟，或是各类服装排放无序，想要找衣服需要把衣橱翻上好几遍才能找到的话，请立即行动起来，将衣橱依如下步骤来个彻底的大整理。

（一）清理衣橱中现存的服饰

清理衣橱中现存的服装是重建衣橱的重要开始。将衣橱里所有的衣装来一次大清理，留下经常穿的、有纪念价值和意义的衣装，将超过三年没穿的、近两年很少穿的、仅穿过一两次就不愿意再穿的、因为身材变化尺码不合适的、褪色和缩水的衣服清理出来。有品质感、设计感的过时名牌服装可以留下，等再过若干年后可当作古着服装与应季时装搭配，也许可以产生意想不到的效果。名牌衣饰若不想保留可放到二手店寄卖或赠送亲朋好友，结实耐穿的服装可以清洗干净捐助给有需要的人士，使其在适合的人身上继续展现风采。实在无法送出也穿不了的，可以将其改造成其他饰物，或作为打扫卫生时的抹布，让这些淘汰掉的衣装继续发挥它们的余热。鞋、包和饰品也请用同样的方法进行清理。将清理掉的衣饰用大袋子打包置放于杂物间，找时间再逐一送人或处理。通过全方位的清理，可以释放出更多的衣橱空间。

清理掉这些衣饰，固然有许多人会依依不舍，也许有的衣服还花费了不少的金钱。试想如果不舍的话，这些衣服静静地躺在衣橱里，除了占用空间和消耗掉找寻有价值的服装的时间，不再有任何利用价值。清理掉多少衣服，就代表着当初一时冲动犯下了多少购衣错误，就把这些当作之前乱买衣服交的学费吧！如此一来心里的不舍便不会那么强烈，也会将此作为经验教训，在今后的日子里时刻提醒自己，切勿再胡乱购置衣饰。

（二）检查衣橱中留下的服饰

把留下的衣服一一进行检查。如果有买回来还没来得及拆除吊牌的赶紧拆掉，如果是因为放置在衣橱里太长时间不穿，而导致发霉、变色的，要再做一遍细致的处理：将脱线的、拉链坏的、扣子掉的、带有残留污渍的、破洞的衣服都修整好，清洗干净、熨烫平整，将所有需要修补完善的服饰一次整理好。这样做虽然有些麻烦，但却为以后每次准确地找取衣装缩短了时间，装扮的时间成本便会大大缩短。

（三）系统、规律地吊挂、摆放衣饰

确定留下来的都是有用的衣饰之后，将服装按照春夏季和秋冬季进行分类。如果衣橱够大可以将两类衣饰同时摆放；如果衣橱不够大就需要根据季节更替，把应季的衣饰留在里面，把其他衣饰收纳好，到换季时再轮换到衣橱中。区分好春夏季和秋冬季的衣饰之后，将衣橱里需要吊挂的服装和可以叠放的服装分开放置。

服装的分类放置方法主要有两种：第一种

图 5-9　有系统、有规律地吊挂、摆放服装

方法，依据款式、色彩、材质进行服装分类，比如 T 恤放一类，衬衫放一类，裙子放一类，内衣放一类，这种方法有利于打破原本固有的整套搭配方式，方便尝试将不同的外套和某一条裙子搭配，收获许多意想不到的效果。第二种方法，依据出席的场合进行服装分类，比如正装、休闲装、礼服、家居服，将它们分开挂放，这种方法有利于将工作、休闲、社交等各类功能的服装分清，让你找衣服时一目了然。两种不同的分类方法可以视个人喜好和衣橱空间而定（图5-9）。

不同的服装要用不同的衣架：大而厚重的外套要选用宽厚的衣架，以免长时间吊挂肩处起包；轻薄的丝质则要选用海绵衬衣架；裤子、裙要选用专用的、有夹子的衣架。买衣架时要根据服装的数量和款式、面料选购不同的衣架。

有的服装不适于吊挂，如针织服装。针织服装、居家服和面料不容易起皱的服装可叠放。

将鞋、包、围巾分区域摆放，配饰、眼镜等放于特定盒子中，袜子一双双卷起来收纳放置。让衣服与配饰一目了然。

（四）为衣橱中现有的服饰做搭配

经过了上面三项清理、收纳后，衣橱变得干净整洁而秩序井然了。这时候，可以将衣橱中现有的服装做混合搭配。先挑出你最常穿的一件上衣外套，尝试除了你常规搭配之外的内搭、裤子或裙子等各种搭配，完成后最好能穿上身试一试，再配上适合的饰品和鞋子。把所有的搭配可能都尝试一遍，试完以后你就会发现，通过不同的搭配，在现有服饰的基础上又多出了好多种不同的穿衣方法，相当于增添了好几套服装。

（五）列出衣橱中缺少的单品清单

　　服饰搭配完成以后，你就会真正发现有一些服装是缺少的，比如缺一条黑色的裙子、一件白色的衬衫、一件灰色吊带背心或是一双皮质鱼嘴高跟鞋等。在尝试搭配的过程中，请记录下衣橱中缺少的服装和配饰的单品。这样做的目的在于可以避免购置一件衣服回来后，竟然发现在衣橱里有同样款式或色彩的服装。有些人对某种款式情有独钟或是对某一色彩特别喜欢，会重复购买同种款式或同一色彩的服装，这样会导致他每天的穿着让人感觉毫无新意，没有变化，千篇一律，如同没换衣服一样。列出新服饰采购清单，逛街时需要把预计与拟购服饰搭配的旧服装带在身上，或是拍照存于手机之中，以便在商场试衣服时直观地感受搭配效果，减少购买失误率，避免再次胡乱花钱。在费用许可的前提下，花一些时间将缺少的单品一一添置齐备，这时的衣橱才是饱满而丰富的。

　　在衣橱中，一家人的服装尽量不要混合放置在一起，划分出每个人不同的专属区域，方便拿用，减少翻找的时间。闲暇时将家人的服饰来一个大清理，可以释放出更多的衣橱空间，家人的衣着也会变得更加精彩。

（六）将衣橱中的服装拍照留存

　　此项工作对于每天都纠结于不知道该怎么穿和怎么搭配的人具有重要的意义。而对自身装扮已经有一定经验，并且记忆力非凡，能记住自己和家人每一件衣服的人则无须照做。

　　面对饱满而丰富的衣橱，每件服装变得拥

有多种搭配的可能性。牢记不同的搭配方法和穿着方式，对于工作繁忙或是事务较多的人而言，确实有不小的难度。可以求助有一定审美眼光的朋友或是专业的造型师，把衣橱中的服饰逐一做全套的搭配（包括鞋、包、饰品、围巾、眼镜），并用拍照的形式记录下来存放于手机中备查。如果还记不住，可以把照片全部洗晒出来粘贴在衣柜门背上，这样，每天穿衣时只要打开衣柜看看门背后的提示，确定穿哪一套服装，直接拿取就行，省时省力，一劳永逸。

　　通过以上六条，衣橱已经重建，理清了头绪之后，要注意吸取教训，避免今后重蹈覆辙。这几项工作也许会花掉几天甚至几周的时间，但从此你的衣橱将干净整齐，服装分类明确，秩序井然（图 5-10），每天早上便不再为找不到衣服而苦恼纠结，提高装扮效率。

图 5-10　服装分类明确的衣橱

三、衣橱中应该有的基础装备

对于经常要出席各种场合的职场人士，便于搭配的基本款服装是衣橱中必备的，这些基本款服装以黑、白、灰等无彩色系为主，与其他各色服装搭配均能呈现出良好的视觉效果。拥有这些基本款服装之后，再视个人经济状况和需求添加其他色彩和款式的衣装、饰品。

（一）女士衣橱基本装备

（1）内衣类：肉色、黑色光面内衣；肉色内裤；黑色、白色吊带背心。

（2）袜子：浅灰色、肉色、黑色透明丝袜；黑色连裤羊毛袜；白色、黑色运动袜；彩色休闲袜。

（3）T恤、针织衫：黑色、白色、灰色紧身或合体短袖T恤；彩色T恤；黑色长袖圆领针织衫；黑色高领针织衫；米色或浅色开衫。

（4）衬衫：白色棉质或真丝长袖衬衫。

（5）毛衣：圆领或V领黑色羊毛衫；素色高领毛衣；素色羊毛开衫。

（6）裤子：黑色铅笔裤或烟管裤、九分裤、打底裤；彩色运动裤；牛仔裤；夏天的短裤。

（7）裙子：黑色无领无袖小黑裙；简洁的打褶裙；直筒腰裙。

（8）外套：黑色西装外套；彩色带帽衫；黑色或灰色毛呢大衣；羽绒服。

（9）包：黑色少装饰的手拎包或背包；运动斜挎包或双肩包。

（10）鞋子：黑色中跟或高跟船鞋；黑色凉鞋；黑色靴子；彩色便鞋；运动鞋。

（11）其他：丝巾（长条形、正方形）、灰调子羊毛围巾；太阳镜；项链（金银、珍珠、金属材质）；冬天御寒的帽子；夏天的太阳帽。

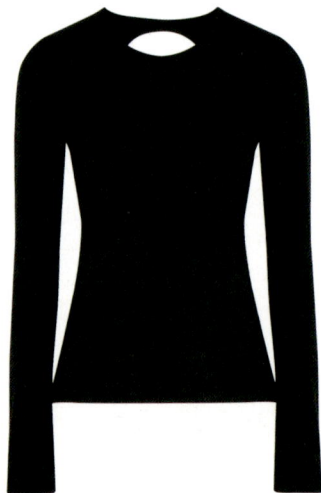

图5-11为女士常用的造型简洁、色彩经典的基本款服饰，易于搭配各类服饰。

图 5-11　女士常用的造型简洁、色彩经典的基本款服饰

（二）男士衣橱基本装备

（1）T恤、针织衫：黑色、白色背心；黑色、白色、灰色合身T恤；浅色Polo衫；运动T恤；黑色、灰色高领或圆领长袖针织衫。

（2）裤子：黑色、灰色、白色运动棉；黑色或深色羊毛、丝质裤子。

（3）衬衫：白色棉质长袖硬领衬衫；牛仔或格子休闲衬衫。

（4）毛衣：圆领或V领黑色、灰色羊毛衫；灰色羊毛开衫。

（5）裤子：黑色西裤；牛仔长裤、短裤；黑色运动裤；卡其色斜纹布或灯芯绒休闲裤。

（6）外套：深色夹克；黑色或灰色毛呢大衣；羽绒服；彩色运动带帽衫。

图5-12　男士常用的造型简洁、色彩经典的基本款服饰

（7）西装：黑色或深灰色西装。

（8）包：黑色或咖啡色公文包；运动斜挎包或双肩包。

（9）鞋子：黑色绑带正装皮鞋；咖啡色或黑色休闲鞋；白色或黑色运动鞋。

（10）其他：圆点、条纹图案深色领带；太阳镜；黑色皮带。

图5-12为男士常用的造型简洁、色彩经典的基本款服饰，易于搭配各类服饰。

细节体现内涵与品位，衣橱里的这些基本款服装最好购买面料、制作工艺、版型都较为精良的款式，如此，举手投足间才能尽显品质。每一季，再根据实际情况添置些适合自己的流行时尚款，就能使"旧衣变新颜""旧装展新姿"，把服装的功效最大限度地发扬光大。

四、理智购买

（一）购买服装需有明确的定位

许多人买衣服，凭的是一时冲动，感觉这件衣服很好看或是自己很喜欢就买下了，购买时并不会考虑太多其他的因素。尤其是女性，冲动型购物的倾向更为明显，习惯"人有我有"跟风式购衣的消费者也大有人在，看见他人购买的衣服，自己也要买一件一样或类似的，似乎不如此跟风，就显得自己未能跟上时尚潮流的脚步。

殊不知，想要少犯错误，避免不必要的经济损失，减少购衣的盲目性，穿出属于自己的个性，就需要在买衣购物时有一个明确的定位：衣橱中缺少的是哪一种类型、哪一个季节、哪一种场合穿着的衣服鞋帽。购买之前做到心中有数，有针对性地选购，才能避免把衣服购置回家之后才惊觉所购的衣服成了"鸡肋"：上班穿显得太过隆重，宴会穿又不够端庄，居家穿也并不随意；购回的衣服虽美，却跟衣橱中已有的任何一件衣服都无法搭配；或是购买的衣服竟然与自己衣橱中原有的一件旧衣服款式相同，颜色相近，只能将新衣束之高阁，真是"食之无味，弃之可惜"。因此，购买衣服的时候不应

图 5-13　时装店

图 5-14　时装店

一时兴起，看见心仪的衣裳就马上掏钱，停一停，看一看，回忆一下衣橱中原有服装的款式，想一想自己是否已有类似的服装？这件衣服能在什么场合穿着？还可以和衣橱中的哪一件服装搭配？实在拿不定主意，就把家中那件认为可以与之搭配的服装拿来，穿上试一下，看效果如何再决定是否应该购买。理性而冷静的购衣方式，是减少购衣错误的关键，如此"把钱用在刀刃上"，才能最大限度地发挥金钱在穿衣打扮上的作用，避免浪费（图5-13、图5-14）。

（二）买衣之前要试穿

购买衣服一定要试穿，目前我国服装行业虽有国家公布的统一号型，但品牌不同、风格不同、产地不同（存在南北差异）、针对的年龄段不同，号型的尺寸也不同。比如针对中老年人的服装款型相对于年轻人的同一号型尺寸通常要大一些；进口品牌和国内品牌之间的号型也存在差异；就算是同一品牌，不同款式间的尺码也会有差别。若想穿着的服装合体舒适，购买之前一定要试穿。这也是为什么很多人上网只凭借图片购回的衣服（包括鞋子），十件中多则七八件，少则三四件穿着不合适的原因。服装穿在人身上，呈现的是三维立体效果，并非屏幕显示的单纯的二维平面效果。网络上只能看到衣服的基本款式和色彩，既无法清晰地感知服装的材质和细节处理，也无法切身地感受其穿着后抬手抬腿简单动作的舒适状态。更何况每个人的身形、体态、肤色不同，与图片中的模特存在很大差异。加之拍摄照片时的灯光和角度，也会造成图片中服装色彩的偏差，因此大部分网购衣服很难在各方面都令人称心如意。

（三）不买贵的或便宜的，只买合适的

有的人买衣服只买贵的，觉得只要是贵的就是好的，而且认为越贵越好。一些"精明"的商家抓住了这部分消费者的心理，将一些普通品质的服装贴上英文标签，标上与它们品质不符的高昂价格，以次充好蒙骗消费者。甚至有的非品牌专卖店还会把质量好的欧洲品牌服装与低档成衣等不同档次的服装穿插混搭摆放，然后将店内所有服装的价格都标成与质量好的欧洲品牌一样的价格，使一些没有分辨力的消费者上当受骗，买到"货不对板""物非所值"的产品。

要想买到便宜且性价比高的产品，建议在每年春夏及秋冬换季时购衣，许多名牌产品会在换季时打出较低的折扣，这时可以用经济实惠的价格买到物超所值的产品。不过，一些品牌也因此存在款式和尺码不齐全的情况，挑选时需要考虑清楚，不能被低折扣、大促销冲昏了头脑而血拼回一堆尺寸不合或没有用的服装，那将得不偿失。

一个对自己、对生活有要求的人，服装昂贵与否并不是其关心的重点和购衣时要首要考虑的因素，他所在乎的是将服饰搭配得有新意且穿出品位、穿出内涵。

（四）贵精不贵多，重质不重量

贵精不贵多，重质不重量，这是关于着装态度的话题。有人穿衣讲究的是多变的款式，有人穿衣讲究的是优雅的品位。前者花1 000元购买10件只有款式变化而毫无品质感的衣服，每天换着穿可以穿两个星期不重样；后者则愿意用1 000元购买一两件品质较好、可以穿着几年的服装。对待服装不同的态度折射出对自身形象的不同态度与要求：是廉价的多变，还是经典的延续。请从现在开始，更新观念，停止对服饰数量的追逐和偏爱，转而追求服饰贵精不贵多的品质感，好的服装重质不重量。

用购买好几件低档服装的价钱购入一两件优质面料、精致裁剪、适合自己的服装，让每件服饰都能"登大雅之堂"，都有穿出去展示并收获好评的机会才是明智之举。同样，也请勿盲目狂热追求奢华的衣裳，要知道，缺乏大众文化修为、无视品位和内涵的疯狂"购奢"行为，等同于为自己贴上浮躁的标签。

时装，每年都有所谓的流行爆款，越是流行的东西也越容易过时。一旦过季，其价值就会迅速打折扣，低价值感和低使用率的服装不值得占用太多的购衣预算。对于一些经典又不容易过时、平日里穿着率较高的服装，尤其是在商务场合或礼仪场合穿着的服装，尽可能多花些钱购买质地、版型和工艺都好的，如基本款的西服、大衣、羊毛衫、黑色礼服裙等；而对于那些流行性较强，或是平日里休闲场合穿着，或是使用率较低的服装，如T恤、家居服、彩色休闲裤等，则不必购买那么昂贵的。

五、衣物保养

（五）购衣需注意的细节

购买服装，除非是质量过硬的名牌服装，对于其他一般性品牌的服装，或是一些杂牌店出售的服装，决定付款之前，一定要仔细看清拟购服装的各个细节，以免买回家中发现有瑕疵而无法更换。

（1）仔细检查面料有无勾丝、破损、烫焦或脏污。

（2）面料拼接处有无漏针或杂乱的线头。

（3）烫黏合衬处有无起泡。

（4）印花或水洗有无不均匀现象。

（5）拉链的安装是否平整、无褶皱，扣子有没有钉歪或即将脱落的现象，若是双排扣，还要看左右是否对称。

（6）若是有褶皱或褶裥的装饰，还要看左右两边褶的数量、位置是否对称。

（7）珠饰或亮片有无脱线、残缺现象。

（8）左右两边的门襟、口袋、领子等局部细节是否对称。

（9）服装裁片与裁片之间有无明显色差。

（10）查看一下服装洗涤标签的提示，如果是建议干洗的，视个人经济状况和当地气候环境，看自己能否负担得起多次的干洗和保养的费用。

想要使自己的形象每天看起来都是崭新、优雅的，身上穿的衣服就不能洗得发白、变形，或是皱皱巴巴像一堆咸菜。既然服装仿若人的第二层肌肤，那么就应该把衣服当作自己的肌肤一样善待，悉心照料，细心呵护，这样不但能延长衣服的寿命，还能让衣服像刚买回来时一样亮丽如新。尤其是家庭主妇，照顾家人的生活起居、打理先生和孩子的形象，是她们的重要工作。衣物保养并非单纯的洗涤、晾晒、叠放那么简单，新型服装面料层出不穷，面料特性各不相同，不同的面料有不同的保养护理方式。若是保养不当，一件新衣服很有可能才穿几次就不能穿了。衣物护理和保养也是现阶段需要学习的一门生活艺术。衣服干净整洁，人的形象才不会看起来乱糟糟。

（一）洗涤注意事项

（1）新买回来的衣服除了需要干洗的秋冬外套，贴身穿着的一定要洗干净再穿。因为面料在工厂染整过程中会残留含有化学成分的物质，服装在制作过程中遭到的污染，虽然肉眼看不出来，但依然会留在衣服中，因此一定要清洗干净后再穿，避免皮肤受到细菌的侵蚀。

（2）毛呢、皮革等面料要干洗；羊毛、羊绒、真丝等面料除了干洗，还可以购买专门的丝毛净洗涤剂手洗；羊毛衫不要用热水洗，否则容易变形和缩水（图5-15）。

图 5-15 专业的衣物洗涤剂

（3）好的服装品牌会在标签上标明面料成分及洗涤、熨烫方式，请按服装标签上的说明进行洗涤。

（4）内外衣分开洗涤，内衣裤应该单独手洗。

（5）深色衣服和浅色衣服最好分开洗涤，彩色或深色衣服浸泡时间不能过长以免褪色。如果各色衣服一起洗，一定先将深色和彩色衣服单独清洗，确定其不褪色后再与其他颜色的衣物一起洗涤，以免因褪色而使其他浅色的衣服染上颜色。

（6）漂白能力过强的洗涤剂不能用来洗涤有颜色的服装。

（7）洗衣前要将所有口袋翻一遍，以免口袋里有钥匙或是纸巾等杂物。

（8）面料较轻薄的、针织的、面料结构较稀松、容易变形的、有蕾丝花边的、有刺绣的、有钉珠的衣服最好手洗，实在懒得用手洗的需

将衣服反过来装进洗衣袋内再放入洗衣机洗涤，以减少外力或衣物之间的缠绕而造成服装勾丝、变形。

（9）浅色有领子的衬衫、Polo 衫等穿过后要及时清洗，避免汗渍留存太久清洗不掉，领子、腋下部位发黄。其余贴身穿着的衣服出汗后也要及时清洗，避免发臭、发霉。

（10）冬天过后，要将不穿的衣服清洗（该干洗的送去干洗店）、护理后再收起来，鞋子送到专业的美鞋店保养后再收起来。

（11）有垫肩的服装尽量不要使用洗衣机洗涤，避免因搅动而把垫肩搅成一团。

（12）色彩艳丽的花色图案类的服装或特别容易掉色的服装，洗涤前，可先用 2% 的淡盐水浸泡十几分钟后，再用弱碱性洗涤剂清洗，这样可以较大程度地减少其褪色。

（13）用洗衣机洗涤时多用洗衣袋分装，减少洗衣时衣物之间的摩擦（图 5-16）。

图 5-16 衣物洗涤

图 5-17　衣物晾挂

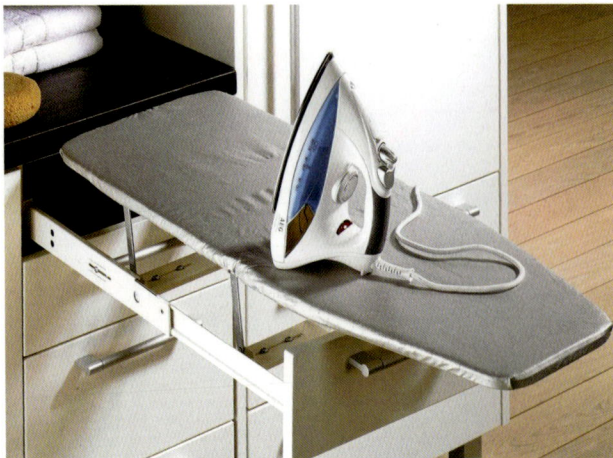

图 5-18　熨斗和烫衣板

（二）服装晾挂注意事项

（1）晾挂衣服时，要把衣服拉平顺，衣服干后，褶皱会减少许多（图 5-17）。

（2）毛衣、真丝、针织服装等吊挂肩部容易变形，最好平摊晾晒。

（3）桑蚕丝、柞蚕丝等丝绸面料的服装要晾挂于阴凉处，太阳暴晒后会泛黄变旧，还容易老化。

（4）棉、麻等容易褪色服装的面料最好反过来晾晒，且尽量避免日光直接暴晒，否则见阳光的部位容易泛白，而背光的部位颜色依旧，影响整件衣服色泽的均匀。

（5）衬衫、T恤等薄面料的衣服不能用太细的衣架，以免肩膀处起包。

（6）羽绒服晾到半干时要拍打，让羽绒蓬松，全干后即可恢复原样。

（三）服装熨烫注意事项

（1）不同材质的面料，其耐高温的程度是不一样的。比如在熨烫化纤面料时温度过高，会使得面料发生抽缩、发亮、变硬等熨焦现象。因此，在熨烫时一定要注意熨斗上提示的各种不同面料所对应的温度调节旋钮（图 5-18）。

（2）遇丝绒面料或有珠子、亮片装饰的部位可用挂式熨斗将面料翻过来熨烫，也可将一块厚的棉布垫在下面隔着棉布熨烫。总之，熨烫时不可直接触碰珠子或亮片。

（3）羊毛呢料在熨烫时比较容易发亮，熨烫时最好垫一块不掉毛的毛巾在上面，不要让熨斗直接接触面料。

（4）麻质、蚕丝类面料最容易起皱，最好晾到八成干时再进行熨烫，若是全干后再烫，皱痕很难烫平。

（5）蒸汽熨斗水瓶里的水，要使用纯净水，若长期用自来水，会产生水垢，阻塞蒸汽喷雾出口，影响熨烫质量。

（6）熨烫服装的垫烫布，最好选择全棉、浅素色且不易脱色、不易掉毛的面料。

（7）服装在保管要时注意做好防潮、防虫处理。

A. 南方雨水较多，湿度较大，服装容易发霉，等到每年天气干燥、出太阳时要进行一两次晾晒。

B. 天然动物纤维、裘皮、皮革等面料容易遭虫蛀、易发霉，加之这些面料价格比较昂贵，要特别注意保持衣物的清洁和干燥。裘皮、皮革服装不宜在阳光下暴晒，这样容易导致材料老化。可在天气晴好干燥的时候，晾在阴凉处吹干服装上的潮气。

C. 价格昂贵的高级衣物，在清洗干净后用防尘、防湿气的保护套加以保存吊挂。

D. 定期打开衣橱、衣柜、箱子通风透气，保持干燥，并在衣橱中放置适量的防霉、防蛀药剂。南方潮湿季节最好在衣橱里放上除湿剂。

（四）其他注意事项

（1）化学纤维材质比较容易产生静电，秋冬干燥季节不要贴身穿着。如果非要穿，请在身上涂抹一些润肤霜或橄榄油，否则面料会紧贴着皮肤，不仅影响美观，还影响穿着的舒适度。

（2）对付一些容易起毛、起球的毛衫，可以买一个专门的剪毛器，定期剪掉衣服上的毛球，保持衣服外观的美感和整洁。

（3）兔毛、羊毛衫等面料容易掉毛，而羊毛、呢绒大衣外套则容易吸毛，可剪一段宽的封箱胶（也称透明胶），把衣服上一丝丝的毛屑粘掉，或购买专门的粘毛器将毛粘掉。

（4）每晚睡觉前做好服饰功课，养成每天看天气预报、想想的明天工作、准备好第二天应穿着的服装和配饰的习惯，尤其是第二天需要出席重要活动时，更应提前给装扮留足宽裕的准备时间，你的形象也将因考虑得细致周全而更显完美。

（5）到外地出差时，若带的服装有易皱的，可带上便携式手持熨斗，以便在穿着服装之前熨烫平整。

（6）冬天穿过的衣服若不能马上洗涤，要把衣物放在通风干燥处晾一晾，避免将汗味或其他气味留在衣服上影响下次穿着。

（7）越是高级服装，越需要精心护理。

衣橱管理和衣物保养是每个人每天都要接触到的生活细节、日常琐事，看似简单，却充满学问，请"勿以事小而不为"。衣物能够保持其最佳状态，其中充满智慧。同样的一件衣服或是鞋子，有的人穿好几年依然如新，而有的人只穿了一两季就破损严重，只能遗憾将其淘汰。把自己的衣橱整理好，延长衣物的使用时间，同时也让家中拥有干净整洁的环境，是一个人耐心细致、热爱生活的表现。精心呵护这些衣装，使它们历久弥新，理应成为每一个人每天光彩照人、拥有完美形象必不可少的功课之一。

六、与衣橱整理和衣物保养有关的美丽问答

1 问：衣服上有污渍，使用化学清洁剂擦拭去除污渍后，还需要水洗吗？

答：需要水洗，因为化学清洁剂残留在衣服上会再度伤害衣服，造成二次污染，甚至影响皮肤健康，擦拭后一定要用大量清水冲洗。

2 问：衣物柔顺剂的作用是什么？

答：除了增加衣物的柔顺感，还能减少衣物面料在洗衣机搅动过程中造成的起毛球情况，减少衣物产生静电的可能。

3 问：挂式熨斗好用还是手握式熨斗好用？

答：挂式熨斗也称立体熨斗，其优点在于快捷、方便、省时、省力，便于操作，尤其对于非专业人士的家庭使用更为简单，易学、易上手。平板调温手握式蒸汽熨斗对于熨烫水平的要求更为专业，熨烫过程还必须有一张熨烫桌。平板调温手握式蒸汽熨斗更适宜缝纫加工过程中的半成品熨烫，手握式熨斗可熨烫需要成型的线迹，如男装西裤上的裤脊。

4 问：衣服熨烫完后能否马上放回衣橱？

答：刚刚熨好的衣服，不宜马上收到衣橱里，而需要晾挂一段时间，使衣服中的潮气挥发后再放入衣橱当中。

5 问：衣服上粘上油渍怎么洗去？

答：如果衣服被动物油、植物油沾染后，请立即用纸巾捏紧以尽量吸掉沾污在衣服上的油渍，再用牙膏涂抹在污渍处，轻轻搓几下，最后用水清洗，即可清除油污。

6 问：衣服上染上血渍怎么办？

答：用淡盐水浸泡 20 分钟，再用肥皂清洗，即可清除血渍。

7 问：衣服染上了口红怎么办？

答：用牙刷蘸少许苏打水在脏污处擦洗，清除油脂后再用肥皂清洗，即可清除口红印。

8 问：怎样才能避免使白衬衫的领口、腋下因汗渍而发黄？

答：穿衬衫前将蜡质止汗膏涂抹在衬衫领口及腋下部位，可以隔绝汗液侵蚀，延长白衬衫的寿命。

CHAPTER06

第六章

博雅——明礼修身提升综合素养

第六章
博雅——明礼修身提升综合素养

　　相信许多人都知道"木桶理论"，说的是组成木桶最短的木板决定了整只木桶的装水容量。同样，一个人的形象美是由众多内外因素组成的，其中，个人素质修养就是内在因素中关键的一项，我们不应该让这项成为短板，影响个人形象的完美呈现。形象设计界有一个著名的 55/38/7 定律，即在一个人给他人留下的第一印象中，外表造型占 55%，肢体语言占 38%，另外的 7% 靠语言表达传递。这占比 7% 的语言表达，包括声音的大小、音调的抑扬、讲话的语速、发音的方式等，是气若游丝，还是慷慨激昂，是娓娓道来，还是慢条斯理，都将比语言的内容早一步进入对方的耳朵，影响着他人对你的第一印象。如果是不见面的电话交谈，语言表达甚至能占到留给他人印象的 90%。著名哲学家维特根斯坦认为："人的身体是他心灵的最佳图画。"一个人的自信、涵养能从他的语言中感受到，更能从他的姿态中表现出来。作为社会人，同样应注意在各种场合的自身行为和举止，做到得体、大方、自然。奥黛丽·赫本留给女儿的话让人印象深刻："若要有优美的嘴唇，请讲亲切的话；若要有优雅的姿态，请记住走路时行人不止你一个。"

一、美仪

古人云："站如松，坐如钟，行如风。"这便是美丽仪态的写照。在公共场合常常能看到一些长得漂亮、穿戴整齐的人，站在那儿不动的时候挺美，可一举手一投足实在令人大跌眼镜：有的女士穿着短裙入座时坐姿不雅，无意间走光；有的男士观看电影或演出时不停地抖脚，影响同排观众的观看效果；还有的朋友走上舞台或讲台时同手同脚、东摇西晃、左顾右盼，全无形象。诚然，天生有一副好身材拜父母赏赐，穿上合适的衣饰固然美丽，但真正拥有优雅的仪态、文明的举止则是建立在好身材的基础之上，是自身持久锻炼与修为的结果。以"台上一分钟，台下十年功"来描述演员的努力最为贴切。在众多表演行当中，舞者当属最耐工夫之人，舞者为台上那一刻的优雅和华丽，需要少则数年，多则几十年的练习才能为我们呈现出完美的角色与效果。在时尚行业中，许多年轻人羡慕的职业模特也是如此。超级名模们为了能将不同风格的服装演绎得淋漓尽致，为了使台上的一颦一笑、一回眸一转身都能吸引众多的闪光灯，为了在拍摄时尚杂志时做出各种高难度的动作，保持完美的体态和表情，台下专业、刻苦的训练必不可少。有一位超模曾说："超级模特和非专业模特可能都拥有苗条的身材，身高相同，三围比例一致，但二者最大的区别在于，非专业模特因不经常锻炼或缺乏专业、系统的训练，呈现出的是松弛、下垂的脂肪与随意松散的仪态，而超模展示的则是健康、结实、紧致的肌肉和严谨、专注的职业风范。"在模特大赛或是选美活动中，常常会有一组 10 位选手鱼贯而出、同时登台，这时，选手的脸部表情就能体现出其自信的程度，站姿、走姿就能呈现其身材的健硕、体态的美感，着装则反映出其欣赏水平和审美品位，是不是美女帅男，观者已尽收眼底。人之美，不仅仅是美丽帅气的脸庞和华美的衣裳，这也是为什么常常不是那个长得最漂亮或身材比例最好的人能获得冠军的原因之一。优秀的舞者、演员、模特，是梦想支撑着他们走向充满鲜花和掌声的舞台，华丽光鲜的背后历经的辛苦寂寞，我们不得而知，耐得住寂寞，吃得了苦头，才尝得到美誉。所以，请不要被光鲜的外表所迷惑，也不必一味去羡慕别人，美丽的仪态并非与生俱来，而是后天持之以恒的坚持和对自己严苛要求的结果，方法得当，每个人都可以拥有。也许会有人说，这么累、这么辛苦，还是算了吧。当然，开始时也许很辛苦，但当你将这坚持内化为良好的习惯，并已深得要领，便不用再刻意追求，因为这时，它已融入你的身体里、生活中，是身体各部位的自然流露。

仪态是人们在工作和生活中的各种行为举止，指人在情感流露和交流当中表现出来的各种姿态，包括神态表情、肢体语言等。本书"前言"提道：服装之美仅是物的美，只有穿戴在适合的人身上才能体现出它强大的生命力；人的身体是服饰的载体，身材与肢体语言的美，对人整体形象美起到非常重要的衬托作用。

（一）打造美好身材

拥有天生匀称、四肢修长的身材固然值得庆幸，但保持这样的身材后天的锻炼同样必不可少。赛场上运动员矫健的身姿、敏捷的反应，T台上模特风采万千、风情万种的体态，舞台上明星们仪态万方的身形，是许多人梦寐以求的。运动，除了能将体形塑造得更完美，还是身体健康和良好生活品质的重要保证。在欧美发达国家，每当假日，街头上、公园里、海滩中……进行跑步、自行车、滑板、游泳、冲浪等各种运动项目的男女老少比比皆是，他们当中的大部分人都身材匀称健硕，脸上洋溢着幸福与喜悦，展示着阳光积极的生活态度。反观我们周围，公园里锻炼的多半是老年人，虽然近年到健身房运动的年轻人已经逐渐增多，但参加运动的年轻人的数量还是太少了。许多人常常等到身体出现问题时才想起要锻炼，这时已追悔莫及。

锻炼需要讲究科学，否则盲目运动不仅达不到健身塑型的效果，甚至还有可能造成身体损伤。健身一般每周 2~4 次为宜，每次 1~2 小时为佳，有氧运动和无氧运动交替开展。并非运动量越大越好，也不是什么项目都适合每个人，需要根据自己的身体素质和具体情况在专业人士指导下做出选择并进行相应的调整。坚持很重要，也许运动不能让你瘦到理想的体

重，但长期运动能将身上多余的脂肪转化为肌肉，同时让肢体反应变得更加灵敏，使身体线条变得更加优美，思维也因此变得更加活跃。这比单纯节食，或总想去整形医院做磨骨、吸脂手术要更加安全、健康和持久。如果要减肥或是增加肌肉的紧实程度，塑造更有线条感的身材，最好咨询专业的健身教练，制定合理且适合自己的方案。要想保持好身材，除了运动健身，运动前的拉伸、运动之后的适当放松、保持良好的作息习惯以及合理、均衡的膳食也非常重要。纵观真正减肥成功的"潜力股"们，并不旨在宣扬某种奇门偏方，而是坚持一种称为"健康减肥"的生活态度，对自己的生活习惯进行调整和管理，适度地进行运动，对自己的饮食、作息严格要求，最终是科学、理智、毅力取得的胜利，是积极的生活态度战胜了臃肿不堪的身材。请把运动变成生活中自然而然的一部分，养成良好的习惯并持之以恒，使运动健身如同每天都要洗脸、刷牙、吃饭一样，成为生活中必不可少的一部分。

拥有健康的生活方式，才能保持和塑造健美的身材，健美的身体线条才能更好地与服装的轮廓线和谐统一，让年轻的状态保持得更久。

（二）塑造优美姿态

人并非仅有如雕塑般静止之美，建筑中、马路上，人行走其中就像是画卷中流动的风景，演绎着动态之美。动静结合，才是完美状态的呈现。人一举手一投足，无不将气质、修养体

现其中。细节构筑完美，人的各种姿态也如服装、色彩、装饰之美一样，成为工作、生活中展现自我的重要砝码。

1. 站姿

站立最能体现一个人的精神面貌和气质，优美的站姿能让人有瞬间增高的感觉。站立的时候，应是端正、庄重、重心稳定的，从正面看，以鼻为点向地面做垂直线，人体在垂直中线的两侧对称，表情自然。正确而优美的站姿不仅能使人看起来身材挺拔修长，而且对腰椎、颈椎、脊椎也有重要的保护作用。

2. 坐姿

良好的坐姿同样有利于体现气质，保持好身材和健康。穿长款外套或裙子的女性在入座时应用手从后面顺着外套或裙子往前面把衣裙拢一下，避免将衣裙坐出褶皱，起身时影响服装的整体美观；女性落坐时，请务必把膝盖并拢，以免养成不良习惯造成穿短裙时无意间走光；公共场合要挪动椅子时，应把椅子提起移动并轻轻放落，以免发出啪啦啪啦的声音影响到别人。优美的坐姿应是抬头、收腹、挺胸，只坐椅子的 2/3，手自然搭于大腿上侧。当然，这里指的是在公共场合的坐姿，至于在家中的坐姿，则可以任由个人喜好，适当放松。

3. 走姿

每个人都会走路，但要走得优美，走得矫健，走得婀娜多姿，还真不是每个人都能做到的。常看到一些美女、帅哥静止的时候还不错，可一走路，整体仪态的美感立刻大打折扣。

标准的走姿要以端正的站姿为基础，行走时上身挺直，双肩平稳，目光平视，下颌微收，面带微笑；手臂伸直放松下垂，自然弯曲摆动时，提胯屈大腿带动小腿向前迈；正常行走时，行走轨迹要成为"一条线"（俗称猫步）；行走速度一般男士每分钟 110 步左右，女士每分钟 120 步左右，避免出现"内八字"或"外八字"。可选择有节奏感的旋律，如 4/4 拍的音乐，踏着音乐不停地练习，增加走路的节奏感和律动。

心中盛满美好的人，脚步是轻盈的；心里盛满爱心的人，脚步是温柔的；心里盛满阳光的人，脚步是快乐的；心里盛满信念的人，步伐也会因此而变得坚定。

4. 眼神

人在交往中通过视线接触所传递的信息，称为眼神。眼睛是心灵的窗户，人的内心世界可以通过眼睛表达，如目光的方向、眼球的转动、眨眼的频率、闭眼的久暂，都表示不同意思，流露出不同的情感。高超的化妆技术、整形手术、图片处理技术也许能改变眼睛的大小、形状，佩戴美瞳或许能改变眼珠的色彩，但人的眼神所散发出来的光芒、神情和内心或坚定、或从容、或自信的修为，却是任何技术手段修调都无法实现的。

一般在公共场合凝视他人时，应看对方双眼与额头之间，即脸上一个较高的三角部位。这样的眼神给人一种严肃认真、有诚意的感觉，能避免眼睛盯视带来的不安和尴尬。另外，请不要直视异性的敏感部位。

5. 微笑

亲切、温馨、发自内心的微笑，既能缩短人与人之间的心理距离，又能创造交流和沟通的良好氛围。笑容，是人类天性的自然流露，开心、快乐、真诚、友善都可以用笑容来展现，微笑可谓人与人之间的和谐润滑剂。若陌路相逢时能以微笑注视对方，也许笑容就会成为免费的通行证。

图 6-1 优美的姿态

请相信，一个人不能改变自己的长相，却能改变自己的气质；不能达到理想的身高，却能改变自己的形体；不能改变自己身材的比例，却能改变自己的仪态。

在图 6-1 中，模特挺拔的身姿、优雅的仪态，是日积月累的付出和长期修炼的结果。

二、雅言

人只要生活在社会群体中，就必须与他人进行交往，而人际交往的主要工具就是语言。语言是人类社会特有的一种符号体系，承担着交际中介、认知工具、信息载体的社会功能。人们很早就注意到了语言的社会功能，却往往忽视了语言美的重要作用。试想一下，如果语言在传递信息的过程中还能够给予人美感享受，使他人产生愉悦共鸣，那不是更能增强语言的吸引力和感召力吗？随着信息技术的不断发展，语言美已发展成一门艺术，是人的另一张名片，逐步成为人际交往中不可忽视的重要因素。如果缺乏美感，只要不是特别重要、特别需要的信息，受者完全可以拒绝或者选择其他渠道获得。因此，在探讨语言的时候就不可避免地要考虑自身语言美的培养，使自己的语言能够让听者入耳、入脑、入心。

语言是一个人学识修养的综合体现。近年来，电视节目里的主持人成了不少青少年羡慕的对象，他们看着主持人操着一口流利的普通话，妙语连珠、口才了得，心生崇拜。殊不知，即使再好的口才若缺少内容，便如同大地少了阳光，徒添几分暗淡，缺少几分色彩；更像食物缺少油盐，平淡无奇、索然无味，让人失去品评的兴趣。著名主持人窦文涛曾说："你怎么说话，实际上代表了你怎么想。语言、口才，最重要的不是嘴，而是背后的思维。想对自己挖掘更深，就需要改变思维，所谓灵魂深处闹革命。"有内容、有深度，充满智慧的语言，才

是最耐人寻味的。语言也是人性格的表达。试想一下，我国引进的好莱坞大片，若让一位操着不标准普通话或是说话柔情似水的配音员为施瓦辛格饰演的硬汉配音，会让硬汉形象失色多少？这就是电影需要专业配音演员的原因。好的角色表演只有同时配上适合的声音和使用恰当的语言表达方式，才会呈现出完美的视听效果。

语言表达，由声音、说话的内容和态度构成，几方面若能完美结合，则能提升一个人的魅力指数。要使语言表达有吸引力，让人爱听并耐听，塑造出声音的美感，先天优势是一部分，后天练习也很重要。

（一）塑造声音的美感

语言美直接表现在说话之人的声音形式方面，从用气发声、字正腔圆，到思想感情的激发，再到停连、重音、语气、节奏所体现出来的具体技巧，融汇在一起就构成了受众视听审美的美感享受。

（1）注意音调的高低变化，控制音量的大小。说话声音太小，像是毫无力气、没有吃饭；说话声音太大，也会让人感觉如同噪音一般。

（2）口齿清楚，不要加入和拖长尾音。

（3）速度不要太快或太慢，每一句话之间要有恰当的停顿。像打机关枪似的说话，会让人感觉急躁，不愿倾听；相反，说得太慢则让人听着着急，应追求一种抑扬顿挫，有快有慢

的节奏感。

（4）忌平淡地讲述，感情的投入能增加表达的丰富性。

优美而富有磁性的声音，一开口就能吸引对方，巧妙地利用嗓音加强语音效果，更能吸引人。人的声音虽说是先天的，但同样离不开后天的培养与修饰，美妙动听的声音是在人际交往中赢得认同的关键。

（二）用文化修养丰富语言形象

高雅的谈吐与学识修养、聪明才智紧密相连。良好的文化素养、丰富的文化知识内涵，再加上较强的语言驾驭能力，是增加人与人沟通交流机会、用语言获得理解和赞同、塑造语言形象的关键。

（1）文化修养：包括对自身专业领域相关知识的掌握和对古今中外历史典故的了解。追逐奢侈品固然是一种品位，但若仅以此体现自己的经济实力，奢华的外表之下忽略了内心的修养，不免让人遗憾。有这样一种说法：暴发户时时刻刻都会产生，但是养成真正的贵族，需要一个世纪的积累。

（2）艺术品位：法国著名服装设计师香奈儿女士曾说："真正的奢华，是内外兼修。"关心音乐、美术、影视艺术、时尚潮流，并从中发现美好，不但能丰富与人聊天的谈话内容，更能提升艺术品位。

（3）见识体验：最好的方式就是多去旅行，出发之前做好攻略，知晓目的地国家和地区的自然风光、人文风景和风俗习惯等相关知识，实现旅行的真正价值。旅行的目的不仅是看风景和购物，也是品尝从未吃过的食物，欣赏不同气候和环境条件下形成的自然风貌，感受不同文化背景下的人文景观，体验不同民族、不同地区人群的生活方式。走多了，看多了，体验多了，生命会丰富，心胸会宽广。

（4）感受能力：包括敏锐的观察力及自我心理调适能力。观察世界、关心社会、体察自我，努力发现具有价值的事物，发现具有时代特征的现象，发现人们的情感变化，发掘丰富的想象力、足够的幽默感。

（5）文明礼貌：常用"您好""请""谢谢"等敬语，保持态度诚恳。说话之人应让别人把话说完再表达，请不要在别人说到一半的时候插嘴，恰当得体的措辞及礼貌会让我们在人际交往中一帆风顺。

（6）倾听理解能力：注意倾听别人的说话，真正听进去，而不是心不在焉、敷衍了事，尤其不要在别人说话时长时间玩手机。倾听不仅仅是单纯地用耳朵来听对方说的话，还要认真观察对方的表情、动作、神态，从而准确地把握对方的真实目的、思想和意图，全身心地感受对方谈话过程中表达的语言信息和思想感情。倾听是有效沟通的必要部分，目的在于使沟通双方达到思想和感情方面的通畅。

（7）学会赞美：不要吝啬说出赞美的话语。

善于发现别人的优点，真诚地赞美，被夸赞之人会因此变得更美好、积极，而我们也能成为发现美好之人。

（8）口头表达能力及逻辑思维能力：不断学习掌握口头表达技巧，使人听着舒服、愿意接受。同时，让说出的话语前后关联，逻辑一致，使听者感受到说者思路清晰、言而由衷。

（三）优雅仪态为语言表达添彩

优美的仪态，是发自内心的善良，是自然流露的动听的话语，这一切更容易给人以好感。

（1）说话时要有适当的姿态，请不要夸张地手舞足蹈，也不要一动不动。

（2）倾听他人说话时请勿左顾右盼，要注意聆听的肢体语言。

（3）请与交谈的对象进行目光交流。

（4）请注意面部表情，倾听别人说话时要适当地体现表情反应。

闻香识人，听语知人。一个人说话的内容和态度虽然看不到，但是能聆听到、感受到。视觉、嗅觉、听觉、触觉构成了完整的感官印象。好的语言表达，不会让人觉得粗俗，能让听者将说者描述的情景化作充满画面感的想象，如此不仅能将内容准确传递，还能丰富人的视野，进而丰富人的内心，是一种受过良好教育、有教养的体现。

三、识礼

识礼的意义在于构建和谐的人际关系。从礼仪文化的诞生不难看出，礼的目的就是协调社会关系，因此礼的基本原则和根本精神就是尊重人，通过一系列规范的、约定俗成的礼仪、礼典等形式体现出对人性与人格的充分尊重。

在人们越来越注重自身形象的今天，虽然国人大量购买奢侈品，但如果只顾着添上华丽的衣装，将其当作一种炫耀的资本，而不增强礼仪文明的修养，则形象也会变得不完美。人若想生活得幸福，除了达到一定的经济条件，还必须生活于一定的文明程度之中。在社会生活里，每个人的性格或多或少都会存在这样、那样的缺陷和弱点。因此，如果任意放纵自己的欲望和行为，那么社会就会没有了秩序。因此，要使人"自别于禽兽"，就必须"为礼以教人，使人以有礼"，用外在的力量来约束自己。

古人云："知书而达礼。"现如今有的人知书却未必达礼，更有的人，既不知书，也不达礼。细心留意，会不时发现身边不少衣着光鲜靓丽的人却做出种种让人匪夷所思、大跌眼镜的龌龊行为，既污染了人们的视觉，也影响了人们的听觉。近年来，随着出国旅游热潮的到来，部分国人遭吐槽的行为屡屡出现：公众场合肆无忌惮地大声喧哗；无时无刻、旁若无人地玩手机，马路"杀手"层出不穷；游玩过后所到之处垃圾遍地；吃过的餐桌上剩菜剩饭一片狼藉……有网友发微博称："过马路不闯红灯，坚持走人行道，开车不加塞，不乱占车道，不对行人按喇叭，会车时关掉大灯，自觉排队不插队，乘电梯时主动站右边，公交或地铁上让座，不在公共场合大声讲话、大声打电话，会说您好、谢谢、对不起，没害过人……在中国能做到上面几点，我觉得就是贵族。"这样的言论纵然有失偏颇，但某些人的行为确实令人汗颜，现今媒体曝出的种种不文明现象已经快让我们愧对"礼仪之邦"的称号了。

言行举止能表现一个人的文化教养。教养是一个人从小接受良好的家庭素质教育，加上多年学校与社会教育而植入内心逐渐养成的人与人之间的相互尊重、相互爱护又相互帮助的体现。不影响、不妨碍、不干扰别人，学会替他人着想，应当是文明人的基本素质。

礼仪知识众多、冗长，在此不一一赘述，日常的积累与学习更为重要。请记住，无论如何，识礼是建立在自我要求、自我约束基础上的一种尊重他人的自律行为，是完美个人形象中物化的基础内涵。如果不注重内在修为，那美丽的衣物装饰的也只是浮华的外表，经不起岁月的侵蚀，内外兼修之人方可在时光的酿造中愈发醇香。

四、赏艺

生活的方式有许多种：有人终日仅为一日三餐、房子、车子奔波劳碌，别无他愿，只是为了生存；有人平凡地体味日子、经历人生，知足常乐，这叫乐活；有人带着憧憬、梦想、追求，带着对艺术的理解与感动，在生活中加入艺术的创意与修为，升华着日常生活的经验，让生活变得更加丰富多彩，这叫艺活。懂得欣赏美，进而珍赏美，才能留住美。

（一）美的多元化

美是多元化的。正如花儿，牡丹美在雍容华贵；水仙美在清新自然；莲花美在高洁脱俗；梅花美在坚强刚毅。又如同服装品牌，阿玛尼（Armani）打破了阳刚与阴柔的界限，引领女装迈向中性的低调、雅致风格；路易·威登（LOUIS VUITTON）崇尚精致、品质、舒适的旅行哲学，体现简约又不失都市气息的风格；安娜·苏（ANNA SUI）代表华丽的乡村民谣风格；无印良品（MUJI）则充满"无即是有"的禅意理念……这些服装品牌各有各的风格，各有各的美。物如此，人亦如此，众多明星无论男女都拥有自己的粉丝，各自的粉丝都认为他们所崇拜的明星是最美的，那究竟谁最美呢？仁者见仁，智者见智。他们都是拥有自己独特风格的代表，具有唯一性，不可复制，没有可比性。你可以喜欢其中的某些风格，但请不要排斥或是痛恨另一种风格，只要是自己不喜欢的就觉得是不好的，这样的思维未免过于狭隘。正所谓萝卜白菜各有所爱，你不喜欢不代表别人不喜欢，也不代表它就不美。

美不是唯一的，不是绝对的。它虽然没有一个统一的评判标准，但它有风格和层次的区别。不同风格拥有不同的美感，不同层次对美的认同和理解也不一样。高层次的审美能透过现象看到本质，看得比一般人更有深度。如果能认识与接受不同风格的美，提升对美认识的深度和广度，将对美的片面管窥与误解转化为全面感知和理解，将自己的潜在个性美开发、展示出来，那么人就会变得更加自信、宽容和豁达。美正是因为宽容多变、兼收并蓄、意味深长，千百年来才这样让人捉摸不透、品味不尽。

图 6-2 中不同风格的服装品牌，各有各的美，美是多元化的。

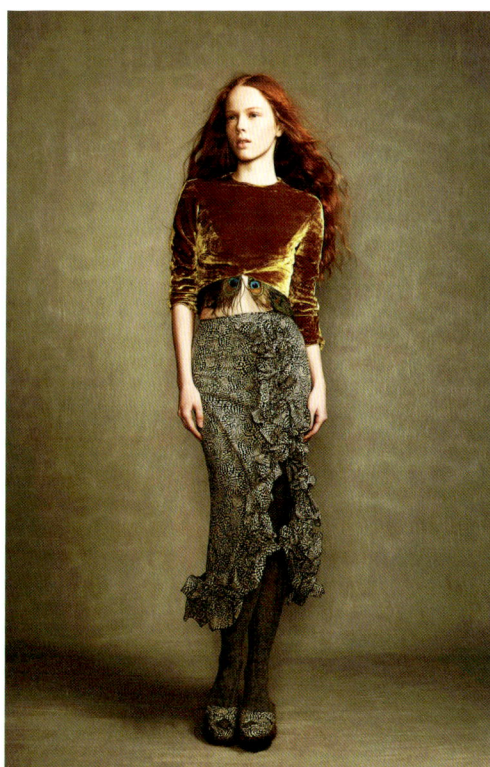

图 6-2 多元化的美

（二）美是创意与艺术

　　一成不变的生活哪怕再有规律，时间久了也会显得单调乏味。不管每天工作时间多长，都可以利用一小段时间去泡一壶茶，冲一杯咖啡；为自己和所爱之人准备好明天上班的服装；出门之前为自己画个精致的妆容；哪怕是煮一碗面条，也要用心地煮出味道，细心感受，将平凡的事物做到最好。其实品位就在我们身边，散落于生活中的各个角落。

　　既然生活现状无法改变，不如坦然接受，与其抱怨工作、生活的辛苦，不如苦中作乐。当我们每天被工作、生活压得喘不过气来的时候，当我们看到种种丑恶现象心情无法释怀的时候，当我们遇到困难挫折感到郁闷无助的时候，不要放任自己与庸俗同行，让内心自觉摒除负面的东西，腾出更多的空间吸收正能量，这空间是提升生活品质之所在，是修炼美好身心之所在。学会欣赏生活中的各种美，也是舒缓压力的好方法。

　　视而不见、听而不闻或是审美疲劳，都不应该是习以为常的生活状态。在工作之余、生活之中、自己力所能及的范围之内，加入些创意，用健康、合理的方式去生活，同时享受穿衣打扮带来的乐趣，这也不失为艺活的好方法。创意就在我们的身旁，创意就在我们的眼中，多一点艺术的心思，多一份生活的美好。艺术家罗丹说过："这个世界不缺少美，缺少的是一双发现美的眼睛，艺术家的可贵之处就在于能从司空见惯的事物中发现美。"平凡的事物中蕴藏精彩，独特的观察角度和拥有一双发现美的慧眼会让生活充满诗情画意（图6-3）。

图6-3　发现平凡事物中的美

五、沁心

美是一种心境，与功利无关，无法通过购买获得。能用钱买来的"美"，不是真美。美只能靠自己去发现，用心去感受，经历了寻美的艰辛跋涉，才能体会美的真谛。美感经验不应只存在于艺术作品中，更应存在于生活中的沁心感动与欣赏。感动之后的行动，欣赏之后的珍赏，方能将艺术之美的魅力幻化入生活中。喜爱美是人的真性，欣赏美是人的境界，寻找美是人的情趣；享受自然、艺术、真理之美，当是人生的至高境界。

曾几何时，清晨醒来，推开窗户，已经感受不到满目灿烂、鸟语花香。其实这灵动的声音、清淡的香气每天都伴随我们，只是每天行色匆匆、焦头烂额的都市人已无暇顾及，再动听的声音不入耳，再香的味道不入鼻，再美的事物也不入眼，良辰美景奈何天！能听到悦耳的声音、嗅到芬芳的气息、欣赏到生活中的美，在于人的心境。

每天推开门，有人看到的是前方冉冉升起的朝阳，有人看到的是脚下泥泞不堪的小路……其实外面的世界并没有什么不同，不同的是我们的心境罢了。"静能生慧"，适当地让自己放松，静静地思考，才能有好的心境去发现身边的美，感受身边的美。

佛学中有"见心知性"的典故，说的是一位得道高僧带着一名凡人去看一片山水，高僧问他："你看到了什么？"此人回答："我看到了一秽物。"高僧道："那是因为你心存污秽，自然眼中藏浊，更脏及全身。"为什么高僧会这么说，这是因为一个人能看到的外在事物反映了他的内心世界。有人到任何地方都能看到美丽风景，谈论的都是美好事物，哪怕遇到困难和挫折，也乐观地认为是机遇与挑战，这种人的内心一定如阳光般灿烂，澄澈如金，清澈如水；反之，若一个人终日怨天尤人，诸多猜疑，言语粗俗，论调悲观，那基本上也可判断此人的内心是阴暗晦涩的。王阳明创造了"心学"，曾有"山中观花"一例："你未看此花时，此花与汝心同归于寂。你来看此花时，则此花颜色一时明白起来。"便是很好的佐证。

"相由心生"，一个人外在形象的呈现取决于他的内心世界，形象

图 6-4 品位决定形象

塑造的可能性、丰富性也取决于他的内心世界。如果一个人内心世界是阴暗的，即便外表装扮得多么阳光，也还是会从他的眼神里、谈吐中、气质上透露出内心阴暗的一面。美应该是由内而外散发出来的一种感觉，如果您希望自己的形象百变，那么您需要丰富内在的自己，让您的外在变得丰富，将认识与感受统一，这样才可以给外在形象提供可塑性。这时候的您可以今天着一身绿，明天穿一抹黄，后天是一袭红，再或者是橙、紫、蓝……每一款色彩用在身上都能呈现出不一样的状态，展示出不一样的美感。因为内心色彩丰富了，内心体感丰富了，自然能与各种色彩相匹配。所以，要拥有美的外表：第一，要有一颗美丽的心灵；第二，要有对美的认知；第三，要有一定的扮美时间。其中，最重要、最根源的是要有一颗丰富多彩、美丽的心，而且懂得如何适时地装扮自己，做到真正的"心物合一"。感悟美才会爱美，爱美才会用心对待，用心对待才会提升品位，品位决定您的形象（图6-4）。

内心世界来自您所处的社会环境、生活状态、见识阅历，如何让内心变得丰富多彩，有"三万"与您共勉：读万卷书，行万里路，与万人谈。多阅读，多旅行，多与比自己有文化、有经验、有知识、有修养的人交谈。若是您立志成为一名专业形象设计师，则还要多两个"万"：画万张脸，品万款衣。相信在不久的将来，您在为自己或是为他人进行完美的形象塑造时，已拥有了千变万化的可能性。

当您把书读到这里时，或许会感觉到，它颠覆了您之前对自身形象的诸多固有认知。服装、色彩、化妆的知识在脑海中充斥，开始变得杂乱无章、混沌无序，忽然变得不知该如何穿衣打扮，甚至不懂得怎么开口说话，不明白怎样举手投足了。知识的增长带来了千头万绪、剪不断理还乱的迷茫，更别说综合运用了。比如，这件服装到底属于哪种风格，这个色彩是偏冷还是偏暖，上班的妆画到这样的程度是浓还是淡？面对这些，您困惑了，犹豫了。然而我想要告诉您的是，学习新知并不意味着对原有知识的全盘否定，恰恰相反，此时的您对装扮自我形象的意识已经比您未读此书之前（只停留在无意识穿衣打扮的层面）的理解更强烈，对美的理解也更深刻了。

现在，您已经更真实、全面地理解了完美形象构成的多方面要素。请相信，接纳、理解新的知识，并非要做到能够为某个具体事物下定义、将其分门别类，或是准确地描述出它的概念，而是可以通过了解，开发潜能，激发人的新鲜感和好奇心，把那些已有的衣饰和认知，通过搭配和消化变得拥有无限变化的可能，从而深化对它们的理解，甚至颠覆它们的固定印象，赋予它们新的内涵。想要把自己变得更美的实质，就是将这无限多样的思考和感知的方法，有意识地运用到自我装扮和建构美好生活中。因此，即便阅读此书令您对自我形象的理解暂时失去一些把握，也不意味着您掌握形象美的知识比从前更少，要知道当您懂得越多，就会需要得越少，这恰恰证明您在塑造自我完美形象的进程里又往前迈了一大步，开始思考与对比了。

随着网络资讯的日益发达，海量的时尚资讯也随着微信、微博、App、网站、时尚杂志、电视节目等各路媒体蜂拥而至，人们对零星、纷繁的美丽资讯了解越来越多，但大多数只停留在蜻蜓点水的层面，无法形成有规律的知识体系。碎片化的信息传播方式容易使人变得浮躁，对形象美学缺乏系统、逻辑和全面正确的认知，也不利于身处都市中的人们提高自身的形象气质和生活品质。如果此书能从这些杂乱无章的海量资讯中，将形象美学的整体概念整理出来，并进行有条理的梳理，帮助大家减少找寻美的时间，给大家带来一些实用性的参考，那将是它最重要的价值。

后　记

　　敲下书稿的最后一个字，选配完书中的最后一幅图片，窗外已几度春秋。回望过去，从 2006 年产生著书想法至今本书最终与您见面，一晃已十多年过去了。其间，断断续续，七易书稿，真可谓"十年磨一剑"。随着对专业及行业认知的不断增强，原有想法不断更新，新的生活体验与人生感悟不断融入其中，书稿就如同襁褓中嗷嗷待哺的婴儿不断补充着新鲜、丰富的养分，日益丰厚与丰满，今天，终于长大成人，可以启程远航了。一如孩儿身后慈母的心，我期望她能得到您的认可，让她带您领略美的风景，感知美的真谛，追寻美的身影。

　　夜以继日、事无巨细地亲力亲为，不为别的，只为心中一直追求的那份完美。总希望将所有这二十多年来的专业从业经验和心中所想，最精致、最完整地呈现出来。记不清多少个不眠之夜，无数次绞尽脑汁构思框架，广泛、全面地收集资料，多方、深入地征求意见，反复斟酌推敲词句，精挑细选寻找模特、搭配衣装，精益求精地拍摄和选用图片……生怕有丝毫疏漏。我想，这大概就是一个艺术教育工作者、一个从事形象美学工作的人与生俱来抑或是长久以来养成的那份对自己的苛刻，对事业的执着吧！十年著书，见证了自己的成长，记录了自己的蜕变。这十年，形象设计专业从鲜有人知，到进入大学本科教育，再到进入硕士研究生教育，让我经历了一段美丽而坎坷的人生历程。将大量的时间用于学习钻研，无怨；将宝贵的年华倾注于这份美丽事业，无悔；将多年的心血凝聚于书，无憾。

在与美携手的二十多年间，我遇见长得漂亮的人不计其数，而真正拥有成功事业而且受人尊敬、爱戴的，皆属于那些具有高修养、高品位并能拥有美好形象的人。漂亮与美不能画等号，美好的形象也并不仅仅意味着高颜值或是赶上最新的时尚潮流。所有依靠物质支撑的美都不会太持久，都会随着物质的离去而荡然无存。好莱坞电影《死亡诗社》里罗宾·威廉姆斯说："我们读诗、写诗并不是因为它们好玩，而是因为我们是人类的一分子，人类是充满激情的。没错，医学、法律、商业、工程，这些都是崇高的追求，足以支撑人的一生。但诗歌、美丽、浪漫、爱情，这些才是我们活着的意义。"我更欣赏稻盛和夫说的这句话："不论您多么富有，多么有权势，当生命结束之时，所有的一切都只能留在世界上，唯有灵魂跟着您走下一段旅程。人生不是一场物质的盛宴，而是一次灵魂的修炼，使它在谢幕之时比开幕之初更为高尚。"只有在自我认知的基础上对美深入理解进而升华，并由内而外散发出独特的精神气质，才是美好形象的源泉，如此诠释的美才能充满朝气、愈久弥香。

在与美相伴的二十多年间，一届又一届学生毕业投身于创造美的行业，成为美的传播者；一批又一批培训过的学员把美传递给了身边人，成为单位里、伙伴中受欢迎的美的使者；一群又一群聆听过演讲的朋友体悟了美的真谛，成为追求品质生活、诠释美的天使。与你们一起登上这趟华丽的列车，分享美的喜悦，是我今生莫大的幸福。一缕阳光，照亮了学子前行的旅程，也灿烂了一份美丽的事业。

柳宗元有言："美不自美，因人而彰。"其实，事物自美，更因人而美，需要懂生活的艺术家运用慧眼发现美，通过丰富多彩的载体创造美，在人和人之间传递美。

美是一种现象，美是一种发现，美更是一种分享！

此书，若能唤醒一个沉睡的人，若能激励一个已经开始懒惰的人，若能让一个迷失的人找到前进的方向，便有了它的价值和意义。不敢奢求您将此书视同珍宝，但愿它透过平实的话语、通过真实的案例，能给您切实、有效的指导与帮助，让您对美有更多的兴趣、更深的感悟，得到塑造完美形象的要领，更积极地成为各自生活中的艺术家。

感恩从事高等美术教育工作的父母，给了我良好的教育，让我自懂事之日起，就能伴随传统文化的印迹，寻着艺术大师画中的风景，完成一次次心灵的陶冶和探寻艺术的旅程。

感恩恩师——北京西蔓色彩文化发展有限公司董事长于西蔓女士，是您作为榜样与标杆的力量，将我从服装设计引入形象设计这个行业，与您共同推广美的知识，传播美的理念，使我的美丽航程再次扬帆。

感恩我的知己——旅居法国巴黎多年的 MAODUN PARIS 品牌创建人、时装设计师暨高级珠宝设计师，跨界艺术家何创先生。记不清多少个深夜，等待着他忙完一天工作之后的越洋交流，带给我最新、最前沿的流行资讯，交流着对时尚、设计、创意的看法，探讨历史、文化、艺术等对当代社会生活意识形态的影响与关系，讨论这书中的细节……一路同行，他的支持与鼓励是对我多年坚持的最佳奖赏。

感恩挚友——上海资深策展人、书法家朱晓东先生，是您在我对事业方向举棋不定、犹豫彷徨时，给我意见和建议，消除我心中的种种顾虑，为我点亮了一盏明灯，坚定了我从事美丽事业教育的决心。

感恩知音——台湾辅仁大学林国栋教授，与您相识可谓一见如故，我们有着相同的专业背景，您为追求美好事物锲而不舍、穷毕生之力的人生态度深深地感染着我，您为此书锦上添花，增添了我继续探索美、信仰美、实践美、传播美的信心。

感恩我的同事——广西艺术学院影视与传媒学院王思源老师，是您通过相机镜头，拍摄下一个个美的形象，记录下一幕幕美的画面，定格下一张张美的瞬间，将书中的文字一一立体呈现。

感谢您，广西梦之岛百货及其店内近百个品牌。虽然无法一一罗列，但无法忘记那一张张热情友善的面庞，那一个个亲切温暖的品牌专柜，是你们的无私赞助，倾情相助，让我们能在独立摄影棚里自由取用 800 多件衣饰新品进行搭配拍摄，使书稿跃然成图，串联成一个个具体的形象，生动传神地演绎美的内涵。

感谢您，见证我美学之旅的媒体朋友们。多年来，你们的镜头、笔触、版面、专栏，记录和传播着我探索美学的印记，成为酝酿本书的基础和源泉。此书初成，多年好友、时任南宁晚报《锋尚》周刊的主任李艳是它的首批读者，她以专业所长悉心为书稿推敲文字，并在旅途中为本书撰写了精巧的腰封推荐美文，可谓我在媒体界众多知音益友的代表。

感谢您，书稿图片拍摄团队的每一位成员：服装助理匡自林；发型助理 BOBO；化妆助理朱徐杰、圣子；事务助理徐学敬、姚遥、龚明桂、周靓颖、顾欣玉、陈甜。是你们与我一道夜以继日、不休不眠地挑选衣饰、完成模特造型、调试灯光……，在历经半个月近百小时拍摄了 3 500 多张照片后，定格下一个个美丽的瞬间，将书中知识视觉呈现，让我后续的选片、修图、排版工作得以顺利进行。

感谢您，广西师范大学出版社的编辑们！是你们的慧眼和专业的支持，使这本书得以顺利出版。

感谢您，我的朋友、同事、学生们！是你们无私的帮助才能使这本书顺利完成。

感谢您，亲爱的读者朋友们！谢谢您选择此书并将它读完。由于此书涉及面广泛，在著书的过程中我力求将专业领域中的知识形成循序渐进的规律系统，并试图使立志从事形象设计的专业人士和普通爱好者都能接受和理解，书中难免存在缺陷、疏漏和遗憾，还请您多多批评指正！

美，是一个永恒不变的话题。每个人的血液中都隐藏着对美的追求与渴望，只是一直在等待被唤醒的那一刻。愿此书成为那根魔法棒，唤醒您沉睡已久的美丽梦想，让您如同这个话题一般，美得持久，美得灿烂，美得永恒。美丽旅程，感谢您的一路相伴！美丽的蜕变或许很艰辛，但总有一天会破茧成蝶！

让鲜花自然盛开，自有满园芬芳！让心中恬静怡然，自有悠远意境！让美丽长相伴随，自有多彩人生！

此时，不远处，依然有那片繁华灿烂在等着我……

黄焱冰

2018 年春于广西艺术学院

致　谢

广西南宁新梦百货、广西新梦商业管理有限公司提供服装及拍摄场地

服装助理匡自林

发型助理 BOBO

化妆助理朱徐杰、圣子

本书模特马丽妮、张旭明、苏娟、闫鑫、吴旖旎、林放、莫海燕、卢宁宁、梁新鸿、屈新慧、张美娇、王会敏

拍摄事务助理徐学敬、姚遥、龚明桂、周靓颖、顾欣玉、陈甜

广西大学吴达慧老师为本书进行文字修正

以及对本书提供帮助的钟群、苏辉宁、陈凌、杨美艳、陈静杰、李艳、沙小丹、潘文琼、蒙涛、林梁宁、

黄海波、农曲辰、廖雯、黄云、管严、周天钰